现代电工电子技术及应用实践

李园海 薄文静 范汉青 ◎著

中国出版集团
中 译 出 版 社

图书在版编目(CIP) 数据

现代电工电子技术及应用实践 / 李园海，薄文静，范汉青著. -- 北京 : 中译出版社，2024. 1
ISBN 978-7-5001-7725-8

Ⅰ. ①现… Ⅱ. ①李… ②薄… ③范… Ⅲ. ①电工技术②电子技术 Ⅳ. ①TM②TN

中国国家版本馆 CIP 数据核字（2024）第 034097 号

现代电工电子技术及应用实践
XIANDAI DIANGONG DIANZI JISHU JI YINGYONG SHIJIAN

著　　者：李园海　薄文静　范汉青
策划编辑：于　宇
责任编辑：于　宇
文字编辑：田玉肖
营销编辑：马　萱　钟筱童
出版发行：中译出版社
地　　址：北京市西城区新街口外大街 28 号 102 号楼 4 层
电　　话：（010）68002494（编辑部）
邮　　编：100088
电子邮箱：book@ctph. com. cn
网　　址：http://www. ctph. com. cn

印　　刷：北京四海锦诚印刷技术有限公司
经　　销：新华书店
规　　格：787 mm × 1092 mm　1/16
印　　张：10. 75
字　　数：214 千字
版　　次：2024 年 1 月第 1 版
印　　次：2024 年 1 月第 1 次印刷

ISBN　978-7-5001-7725-8　　　定价：68. 00 元

中　译　出　版　社

前 言

随着科学技术的发展和高新技术的广泛应用，电工电子学在国民经济的各个领域所起的作用越来越大，已深深地渗透进人们的生活、工作、学习等方方面面。新的世纪已跨入以电工电子学为基础的信息化时代，层出不穷的电子新业务、电子新设施无处不在、随处可见。科学技术的迅速发展，对工程技术人员提出了越来越高的综合技能方面的要求，使得具有扎实理论基础、科学创新精神、基本工程素养的复合型人才成为理工人才培养的关键目标，工程实践课程在理工人才培养方案中的作用日趋突出，在工程实践课程体系中，电工电子类工程实践课程是最基本、最有效的工程教育课程，其日趋凸显的作用，使之成为人才培养方案中不可或缺的重要实践环节。

本书是电工电子技术方面的书籍，主要研究现代电工电子技术及应用实践。本书从电路的基础知识开始介绍，针对正弦交流电路以及变压器与电动机的相关知识做了详细的阐述；另外，对常见的半导体器件及其应用、集成运算放大器及其应用以及逻辑门电路及组合逻辑电路提出了一些建议。本书论述严谨、结构合理、条理清晰，内容丰富新颖，具有前瞻性，不仅能够为电工电子技术的学习提供翔实的理论知识，同时能为电工电子技术的应用实践提供借鉴。

本书在写作过程中，参考并借鉴了相关专家、学者的研究成果和观点，作者在此表示最诚挚的感谢！由于电工电子新技术发展比较快，本书还有一些不尽如人意的地方，加上作者学识水平和时间所限，书中难免存在不当之处，敬请同行专家及读者指正，以便进一步完善提高。

作者

2023 年 11 月

目 录

第一章 电路基础知识

第一节　电路的基本概念和基本定律

一、电路及电路模型

（一）电路的组成和作用

1. 电路的组成

随着科学技术的发展，电的应用越来越广泛，要用电，就离不开电路。所谓电路，就是为了用电需要而将电气设备和器件按一定方式连接起来形成的电流通路。电路的具体形式是多种多样的，但不管多么复杂，电路都是由电源、负载和中间环节三个基本部分组成。

（1）电源

电源是电路的能源。其作用是将其他形式的能转换为电能。例如，手电筒中电池的作用是将化学能转换为电能。

（2）负载

负载是各种用电设备的统称。其作用是将电能转换为其他形式的能。例如，手电筒中灯泡的作用是将电能转换为热能和光能。

（3）中间环节

中间环节由连接电源和负载的导线、开关及保护电器等组成，起传输、分配电能和保护的作用。

2. 电路的作用

实际电路借助电压、电流完成传输电能和信号、处理信号等功能。其具体作用主要体现在以下两方面：

（1）实现电能的传输和转换

发电机将热能、水能、核能等其他形式的能量转换为电能，升压后传输到用电处，再降压后送给用电设备使用，用电设备将电能转换为热能、机械能等其他形式的能。

（2）实现电信号的传递和处理

话筒将声音信号转换成相应的电信号（电压和电流），然后由放大器将电信号放大后送到扬声器，驱动扬声器发出声音。话筒是输出电信号的设备，称为信号源，相当于电源；扬声器接收和转换信号（将电信号转换为声音信号），相当于负载；放大器处理（放大）和传递信号，是中间环节。

（二）电路模型

实际电路是由多个电气器件组成的，而实际器件工作时常常同时具有几种电磁性质。人们把电流通过时器件消耗电能视为电阻的性质；产生磁场并储存磁场能视为电感的性质；产生电场并储存电场能视为电容的性质；将其他形式的能量转变成电能视为电源的性质。为了描述电路，有必要把每一种电磁性质表示出来。具有某种特定电磁性质及精确数学定义的基本结构，称为理想电路元件，简称电路元件。理想电路元件主要有电阻元件、电感元件、电容元件及电源元件（理想电压源和理想电流源）等。为了对实际电路进行分析和计算，需要将实际器件理想化，即在一定条件下突出主要电磁性质，忽略次要电磁性质，将其理想化为一个或几个理想电路元件的组合。例如，可将手电筒电路中的电池视为理想电压源与电阻元件的串联，电灯泡视为电阻元件（其电感的作用微小，是次要因素，可以忽略）。

实际电路中的器件都可用能反映其主要电磁特性的理想电路元件来代替。由理想电路元件组成的电路，称为实际电路的电路模型，电路模型简称电路，通常电路又称网络。用规定的图形符号来表示理想电路元件，并用实线表示连接导线而形成的图形，称为电路原理图，简称电路图。今后分析、计算所使用的都是电路模型。对电路模型进行分析、计算所得的结果，基本能反映实际电路的工作情况。

在电路分析中，常将电源输出的电压和电流称为激励，它推动电路工作；由激励在电路各部分产生的电压和电流称为响应。分析电路，实质上就是分析激励和响应的关系。

二、电路的主要物理量

为了分析、计算电路，必须用一些物理量来描述电路的状态。电路的主要物理量有电流、电压、电位、电动势及电功率等。

（一）电流

1. 电流的概念

在电场力的作用下，电荷的定向运动形成电流。电流的大小用单位时间内通过导体横截面的电荷来表示，电流在国际标准单位制（SI）中的单位是安培，简称安（A）。较小的电流可用毫安（mA）和微安（μA）为单位。它们之间的换算关系为：

$$1\text{A}=10^3\text{mA}，\ 1\text{mA}=10^3\mu\text{A}$$

若电流的大小和方向是随时间变化的，称为交变电流（AC），用符号 i 表示。假设在 $\mathrm{d}t$ 时间内通过导体横截面的电荷为 $\mathrm{d}q$ ，则：

$$i=\frac{\mathrm{d}q}{\mathrm{d}t} \tag{1-1}$$

若电流是恒定的，称为直流电流（DC），用符号 I 表示。假设在 t 时间内通过导体横截面的电荷为 q ，则：

$$I=\frac{q}{t} \tag{1-2}$$

2. 电流的参考方向

习惯上，规定电流的实际方向为正电荷运动的方向。在简单电路中，电流的实际方向很容易确定，但在复杂电路中，往往难以判定某段电路中电流的实际方向，因此有必要引入参考方向的概念。所谓的参考方向，就是在电流流过某段电路时两个可能的方向中任意假定一个作为电流的方向，这个假定的方向称为电流的参考方向。电流参考方向的表示方法有箭头表示法和双下标表示法两种。

这样假定了电流的参考方向后，应用电路的基本定律和分析计算方法，列写方程并计算出电流值，然后依据电流值的正负就可判断出电流的实际方向，这也是引入参考方向概念的意义所在。参考方向是一个重要概念，今后没有特殊说明时，电路中所标注的电流方向都是参考方向。理解参考方向要注意以下两方面：

①假定了参考方向后，电流值就有了正负之分。若参考方向和实际方向相同，则电流为正值；反之，则电流为负值。

②参考方向一经假定，在整个分析过程中必须以此为准，不能变动。

（二）电压

1. 电压、电位和电动势的概念

（1）电压的概念

为了描述电场力的做功本领，引入电压的概念。若电场力将正电荷 dq 从 A 点移动到 B 点所做的功为 dW，则 A、B 两点之间的电压为：

$$u_{AB} = \frac{\mathrm{d}W}{\mathrm{d}q} \tag{1-3}$$

可知，两点之间的电压值实际上是电场力将单位正电荷从 A 点移动到 B 点所做的功。电压用符号 u 表示。

（2）电位的概念

若取电路中某一点 O 为参考点，则电场力将单位正电荷从电路中 A 点移动到 O 点所做的功称为 A 点的电位。因此，A 点的电位就是 A 点与参考点之间的电压，A 点的电位用 v_A 表示，即 $v_A = u_{AO}$。参考点的电位值为零，并用符号“⊥”标记。在实际应用中，通常选大地作为参考点，有些设备的机壳是接地的，那么，凡是与机壳相连的各点都是零电位点。若机壳不接地，常选择若干导线的交会点作为参考点。应当注意的是：在一个连通的电路中只有一个参考点，并且在研究同一问题时，参考点一经选定，就不能改变了。从参考点出发沿选定的路径“走”到待求点，电压升取正，电压降取负，累计其代数和就是待求点的电位值。选定了参考点之后，电路中的各点就有了确定的电位值，与所选的路径无关。

有了电位的概念后，常采用电位标注法简化电路图的绘制。其方法为：首先确定电路中的参考点，然后用电源端极性及电位数值代替电源。

在理解电压与电位的概念时，应注意：参考点一经选定，电路中任意一点的电位值就唯一确定下来，这是电位的单值性。参考点发生变化，电路中各点的电位值也随之变化，这是电位的相对性。任意两点之间的电压等于两点的电位差，这一数值与参考点的选择无关，因此，电压具有绝对性。

（3）电动势的概念

为了描述电源力（非电场力）的做功本领，引入了电动势的概念。电动势就是电源力在电源内部移动单位正电荷从低电位移动到高电位所做的功，用符号 e 表示。

电动势和电压都可用来描述电源两端的电位差，因此，常用一个与电源电动势大小相等、方向相反的电压来代替电动势对外电路的作用。

恒定的电压、电位、电动势分别称为直流电压、直流电位、直流电动势，分别用符号 U、V、E 表示。电压、电位、电动势的 SI 单位都是伏特，简称伏（V），较大的单位是千伏（kV），较小的单位是毫伏（mV）和微伏（μV）。它们之间的换算关系为：

$$1\text{kV}=10^3\text{V}，1\text{V}=10^3\text{mV}，1\text{mV}=10^3\mu\text{V}$$

2. 电压的参考方向

在电场力的作用下，正电荷从高电位移动到低电位。因此，电压的实际方向规定为电位降的方向。

在复杂电路的分析和计算中，需要假定电压的参考方向。电压的参考方向有三种表示方法，分别为箭头表示法、极性表示法和双下标表示法。电压的参考方向都是由 A 指向 B 的。

若参考方向和实际方向一致，则电压为正值；反之，则电压为负值。

需要说明的是：电压和电流的参考方向可分别独立假定，但是为了便于分析和计算，一般假定同一个元件的电压和电流的参考方向相同，称为关联参考方向，即元件的电流参考方向从其电压参考方向的正（“+”）极性端流入，从负（“-”）极性端流出。

（三）电功率

单位时间内电场力所做的功，称为电功率，用符号“P”表示。在分析电路时，通常依据电压、电流的参考方向计算电功率。

电压、电流参考方向关联时，电功率 P 为：

$$P=ui \tag{1-4}$$

电压、电流参考方向非关联时，电功率 P 为：

$$P=-ui \tag{1-5}$$

无论用哪一个计算公式，若 $P>0$，表明该元件吸收功率，为负载；若 $P<0$，表明该元件发出功率，为电源。在直流电路中，电功率的计算公式为：

$$P=UI \text{ 或 } P=-UI \tag{1-6}$$

电功率的 SI 单位是瓦特，简称瓦（W），也可用千瓦（kW）和毫瓦（mW）为单位。它们之间的换算关系为：

$$1\text{kW}=10^3\text{W}，1\text{W}=10^3\text{mW}$$

有时，还要计算一段时间内电路所消耗的电能（电功）。从 t_1 到 t_2 时间内，电路消耗的电能 W 的计算公式为：

$$W=\int_{t_1}^{t_2}P\mathrm{d}t \tag{1-7}$$

在直流电路中，电能 W 的计算公式为：

$$W = P(t_2 - t_1) \tag{1-8}$$

电能的 SI 单位是焦耳，简称焦（J）。在实际中，常用千瓦时（kW · h）作为电能的单位，它表示 1kW 的用电设备在 1h（3600s）内消耗的电能。例如，一只 60W 的电灯，每天使用 3h，一个月（30 天）的用电量为：

$$W = \frac{60}{1000} \times 3 \times 30\text{kW} \cdot \text{h} = 5.4\text{kW} \cdot \text{h}$$

（四）主要物理量的测量

1. 电流和电压的测量

（1）使用电流表和电压表测量

电流表和电压表有直流表、交流表和交直流表三种。电流和电压可按以下步骤进行测量。

①选择仪表。若测量电流，选择电流表；若测量电压，选择电压表。若测直流量，选择直流表或交直流表；若测交流量，选择交流表或交直流表。

②选择量程。仪表量程应选择大于被测值，若被测值未知，首先选择最大量程，然后再依据测量情况，转换到适当的量程。为了减小测量误差，尽量使读数在刻度盘的 2/3 左右位置。

③调零。检查仪表指针是否指零，若不指零，需要调整使指针指零。

④将仪表接入电路。电流表应串入被测电路，电压表应并接在被测电路两端。测量直流电流或电压时，仪表的正极（“+”）应接电流的流入端或电压的高电位端，负极（“-”）应接电流的流出端或电压的低电位端，否则会反偏，指针式仪表会打坏表针。

⑤读取数据。

⑥测量完毕，将转换开关置于最高挡。

（2）使用万用表测量

除了用电流表和电压表测量外，也可用万用表测量电流和电压。万用表有指针式和数字式两类。在结构上，指针式万用表由表盘、测量电路和转换开关三部分组成，可测量电流、电压、电阻及晶体三极管的“hFE”等。测量值从表盘刻度尺上读取，其中，“Ω”为电阻刻度值；“$\simeq$”为交直流电流、电压刻度值；“hFE”为三极管电流放大系数刻度值。用万用表测量电流或电压时，与前面介绍的电流表和电压表的测量方法及步骤大体相同，只是应注意以下方面。

①测量前，应将转换开关置于正确位置上。

②在测量过程中，不能带电切换挡位。

③万用表的黑表笔与表内电池的正极相连，红表笔与表内电池的负极相连。因此，在测直流量时，应将表笔置于正确位置上。

④测量完毕，将转换开关置于交流电压最高挡。

2. 电功率的测量

在电工测量中，常用功率表测量电功率。功率表也称瓦特表，内部有电流线圈和电压线圈。电流线圈是两个固定线圈，电阻小，在电路中与负载串联，两个线圈之间可串并联连接，用于改变功率表的电流量程；电压线圈是可动线圈，电阻较大，与几个附加电阻串联后，再与负载并联，由串联的附加电阻来改变电压量程。功率表指针的偏转角和负载的电压与电流的乘积成正比，因此，能测量负载的功率。用功率表测量功率的步骤如下：

（1）选择量程

功率表量程不是取决于负载的功率，而是取决于负载电流和电压的量程，只有这两个量程都满足要求，功率表的量程才满足要求。功率表量程取决于电流量程与电压量程的乘积。

（2）将仪表接入电路

功率表内的电流线圈和电压线圈各有一端钮标有“＊”等标记。接线时，将“＊I”端接到电源侧，另一“I”端接至负载侧；标有“＊U”端可与电流的“＊I”端接在一起，而将另一电压端接到负载的另一侧。

功率表的接线必须正确，否则不仅无法读数，而且可能损坏仪表。如果接线正确而指针反偏，说明负载含有电源，则应换接“＊I”与“I”端。

（3）读取数据

功率表的每一格代表瓦特数，称为分格常数 C（瓦/格）。测量时，如果读的偏转格数为 N，则被测功率数值为 $P=CN$。

三、基本电路元件

电路由元件连接而成。基本电路元件主要有电阻元件、电感元件、电容元件及电源元件。这里重点讨论基本电路元件的电压、电流关系（伏安关系）。电压、电流关系缩写为VCR（voltage current relation）。

（一）电阻元件

电阻元件是实际电阻器理想化的模型，理想电阻器具有消耗电能，并将其转化为热能的电磁性质，在电路中用电阻元件来表示这种电磁性质。电阻元件简称电阻，R 称为电阻，体现了电阻元件对电流的阻碍作用，它既表示电阻元件，又表示该元件的参数。若电阻值为常数，称该电阻为线性非时变电阻，简称线性电阻，斜率为电阻的参数 R 。

电阻的 SI 单位是欧姆，简称欧（Ω），在实际使用时，还会用到千欧（kΩ）和兆欧（MΩ）。它们之间的换算关系为：

$$1\text{M}\Omega = 10^3\text{k}\Omega,\ 1\text{k}\Omega = 10^3\Omega$$

需要说明的是：电阻元件也可用另一个参数 G 来表示，G 称为电导，其单位是西门子，简称为西（S）。它体现的是元件导通电流的能力。电阻与电导的关系为：

$$G = \frac{1}{R} \tag{1-9}$$

欧姆定律反映了线性电阻元件的电压、电流关系，是分析电路的基本定律之一。欧姆定律的内容：流过导体的电流与加在其两端的电压成正比，与这段导体的电阻成反比。假定了电压、电流的参考方向之后，欧姆定律的表达式如下：

若电压与电流参考方向关联，则：

$$u = iR \tag{1-10}$$

若电压与电流参考方向非关联，则：

$$u = -iR \tag{1-11}$$

线性元件的参数为常数，全部由线性元件组成的电路，称为线性电路。有些元件的伏安特性不是直线，而是曲线。

电阻元件的电功率为：

$$p = ui = Ri^2 = \frac{u^2}{R} \tag{1-12}$$

由于 P 总是大于零，因此，电阻元件是耗能元件，将电能转换为热能，热能的 SI 单位为焦耳，简称为焦（J）。t 时间内转换的热能为：

$$Q = i^2Rt \tag{1-13}$$

式（1-13）为焦耳-楞次定律的公式，反映了电流的热效应。

（二）电感元件

电感元件是实际电感器的理想化模型。简单的电感器是由电阻很小的金属导线绕制而成的，也称电感线圈。线圈通过电流时，在线圈中产生磁通，磁通与每一匝线圈交链，称为线圈的磁通链数，简称磁链。理想电感器只具有储存磁场能的性质，在电路分析中，用电感元件来表示这种电磁性质，电感元件简称电感。

如果电流 i 的参考方向与磁链 ψ 的参考方向之间符合右手螺旋法则，称 i 与 ψ 参考方向关联。此时，两者成正比关系，称为韦安特性。两者之间满足关系式：

$$\psi = Li \tag{1-14}$$

式中，比例系数 L 称为电感元件的电感量，简称电感。它既表示电感元件，又表示元件的参数。若 L 为常数，称该电感为线性非时变电感。本书只讨论线性非时变电感。

电感的 SI 单位是亨利，简称为亨（H），在实际中常以毫亨（mH）、微亨（μH）为单位。它们之间的换算关系为

$$1\text{H} = 10^3\text{mH}，\ 1\text{mH} = 10^3\mu\text{H}$$

当通过电感的电流变化时，电感两端会出现感应电压，这个感应电压等于磁链的变化率。在电感的电压与电流参考方向关联时，有：

$$u = \frac{\mathrm{d}\psi}{\mathrm{d}t} = L\frac{\mathrm{d}i}{\mathrm{d}t} \tag{1-15}$$

式（1-15）为电感的电压、电流关系式。该式表明：

（1）只有当电流变化时，电感两端才会有电压。

（2）电流变化越快，电压越大。

（3）流过电感元件的电流不能跃变，即电感的电流是连续的。因为如果电流跃变，$\frac{\mathrm{d}i}{\mathrm{d}t}$ 为无穷大，u 也为无穷大，这是不可能的。

在电压和电流参考方向关联时，电感 t 时刻的功率为：

$$p(t) = ui = Li\frac{\mathrm{d}i}{\mathrm{d}t} \tag{1-16}$$

t 时刻电感储存的磁场能为：

$$w_L(t) = \int_0^t p(t)\,\mathrm{d}t = \int_0^u Li\mathrm{d}i = \frac{1}{2}Li^2(t) \tag{1-17}$$

可知，某一时刻电感的储能仅与该时刻电流值有关。

（三）电容元件

两块金属极板之间用绝缘介质隔开，就构成了最简单的电容器，当两极板接通电源后，两个极板间就会建立电场，储存电场能。理想电容器只具有储存电场能的性质，在电路分析中用电容元件来表示这种电磁性质，电容元件简称电容。

电容元件所容纳的电荷量 q 和它的端电压 u 之间成正比关系，称为库伏特性。其比值为：

$$C = \frac{q}{u} \tag{1-18}$$

式中，比例系数 C 称为电容元件的电容量，简称电容。它既表示电容元件，又表示元件的参数。若 C 为常数，称该电容为线性非时变电容。本书只讨论线性非时变电容。

在国际单位制中，电容的单位为法拉，简称法（F），由于法的单位太大，工程上常用更小的微法（μF）和皮法（pF）为单位。它们之间的换算关系为：

$$1\mathrm{F}=10^3\mu\mathrm{F},\ 1\mu\mathrm{F}=10^3\mathrm{pF}$$

电容元件电容量的大小取决于电容器的结构，平板电容器的电容量可计算为：

$$C=\varepsilon\frac{S}{d} \tag{1-19}$$

式中，ε 为绝缘介质的介电常数，S 为两极板间的相对面积，d 为两极板间的距离。电容的端电压 u 与流过的电流 i 参考方向相关联时，有：

$$i=\frac{\mathrm{d}q}{\mathrm{d}t}=C\frac{\mathrm{d}u}{\mathrm{d}t} \tag{1-20}$$

式（1-20）为电容的伏安关系式。该式表明：

（1）某一时刻电容的电流取决于此时电压的变化率。只有当电压变化时，电容中才会有电流。电压变化越快，电流就越大。

（2）当电压升高时，$\frac{\mathrm{d}u}{\mathrm{d}t}>0$，$\frac{\mathrm{d}q}{\mathrm{d}t}>0$，$i>0$，极板上电荷增加，电容被充电；当电压降低时，$\frac{\mathrm{d}u}{\mathrm{d}t}<0$，$\frac{\mathrm{d}q}{\mathrm{d}t}<0$，$i<0$，极板上电荷减少，电容放电。

（3）由电容的伏安关系式可知，电容元件两端的电压不能跃变，即电容的电压是连续的，因为如果电压跃变，$\frac{\mathrm{d}u}{\mathrm{d}t}$ 为无穷大，i 也为无穷大，这是不可能的。

在电压和电流的参考方向关联时，电容的功率为：

$$p(t)=ui=Cu\frac{\mathrm{d}u}{\mathrm{d}t} \tag{1-21}$$

t 时刻电容储存的电场能为：

$$w_c(t)=\int_0^t p(t)\,\mathrm{d}t=\int_0^u Cu\mathrm{d}u=\frac{1}{2}Cu^2(t) \tag{1-22}$$

可知，某一时刻电容的储能仅与该时刻电压值有关。

（四）电源元件

实际电路中，使用的电源可用两种电路模型来表示：一种用电压的形式来表示，称为电压源；另一种用电流的形式来表示，称为电流源。电源的端电压与输出电流的关系，称为电源的外特性。

1. 电压源

(1) 理想电压源

两端的电压总保持为定值或一定的时间的函数，这种电源称为理想电压源。理想电压源只给外电路提供电压而内部没有电能的损耗。因此，理想电压源提供的电压不受流过它的电流的影响，输出的电流由理想电压源和外电路共同决定。

理想电压源有直流和交变两种。直流理想电压源给外电路提供的电压 U_S 是恒定的，又称恒压源。实际电子电路中的直流稳压电源，能给外电路提供近似恒定的电压，可视为恒压源。某些电源，其两端的电压（端电压）$u_S(t)$ 基本不受负载电流的影响，总保持为确定的时间的函数，这些电源为交变理想电压源。

(2) 电压源模型

理想电压源是不存在的。实际电压源总有一定的内阻，其端电压略有下降。实际电压源的电路模型可用理想电压源和内阻的串联来表示。端电压 U 与输出电流 I 的关系为：

$$U = U_S - IR_0 \tag{1-23}$$

可知，当外接负载不变时，内阻 R_0 越小，端电压降低得越少，外特性越好，实际电压源越接近理想电压源。R_0 为零时，电源的端电压 $U = U_S$，就是理想电压源。

2. 电流源

(1) 理想电流源

输出电流总能保持定值或一定的时间函数，这样的电源称为理想电流源。理想电流源提供的电流不受它两端电压的影响，两端的电压由理想电流源和外电路共同决定。

理想电流源也有直流和交变两种。直流理想电流源能给外电路提供恒定的电流 I_S，又称恒流源。在实际中，光电池能向外电路提供近似恒定的电流，可视为恒流源。

(2) 电流源模型

实际电流源在向外电路提供电流的同时，也有一定的内部损耗，实际电流源的电路模型可用理想电流源和内阻的并联来表示。输出电流 I 与端电压 U 的关系为：

$$I = I_S - \frac{U}{R_0} \tag{1-24}$$

可知，当外接负载不变时，内阻 R_0 越大，其上分得的电流越小，实际电流源越接近理想电流源。R_0 为无穷大时，输出电流 $I = I_S$，就是理想电流源。

应当说明的是，在实际中，电流源很少被采用，常说的电源多指电压源。

（五）受控电源

前面讨论的电压源和电流源都是独立电源，即电压源的电压、电流源的电流不受控制而独立存在，电源参数是确定的。在电路分析中，还会遇到另一类电源，它们的电源参数受电路中其他部分的电压或电流的控制，称为受控电源。一旦控制量消失，受控源的电压或电流也就不存在了。

依据受控源是电压源还是电流源，以及控制量是电压还是电流，可将受控源分为四种类型：电压控制电压源（VCVS）、电压控制电流源（VCCS）、电流控制电压源（CCVS）及电流控制电流源（CCCS）。

为了与独立电源相区别，受控电源用菱形表示。电路模型中μ、g、r、β称为控制系数，它们反映了控制量对受控源的控制能力。若控制系数为常数，则为线性受控源。其中：

（1）$\mu=\frac{U_2}{U_1}$称为转移电压比或电压放大系数。

（2）$r=\frac{U_2}{I_1}$称为转移电阻，具有电阻的量纲。

（3）$g=\frac{I_2}{U_1}$称为转移电导，具有电导的量纲。

（4）$\beta=\frac{I_2}{I_1}$称为转移电流比或电流放大系数，无量纲。

四、基尔霍夫定律

分析和计算电路的基本定律，除了欧姆定律以外还有基尔霍夫定律，包括基尔霍夫电流定律和基尔霍夫电压定律。为了说明基尔霍夫定律，首先介绍以下术语。

支路：电路中的每一分支，称为支路，同一条支路中的电流是相同的。

节点：三条或三条以上支路的连接点，称为节点。

回路：电路中闭合的路径，称为回路。

网孔：内部不含有支路的回路，即没有被支路穿过的回路，称为网孔。

（一）基尔霍夫电流定律

基于电流的连续性，电路中任意一点都不会有电荷的堆积，由此得出基尔霍夫电流定律，其英文缩写为 KCL（Kichhoff's Current Law）。基尔霍夫电流定律适用于电路的节点，是对节点电流的约束。其内容可表述为：在任何时刻，流入电路中任意一个节点的电流之和应等于由该节点流出的电流之和。KCL 的表达式为：

$$\sum i_{入} = \sum i_{出} \tag{1-25}$$

整理式（1-25），可得 KCL 的另一种形式为：

$$\sum i = 0 \tag{1-26}$$

式（1-26）表示，在任意时刻，电路中任意一个节点电流的代数和等于零。若规定流入某节点的电流为正，则由该节点流出的电流为负。当然，也可做相反的规定。

（二）基尔霍夫电压定律

基尔霍夫电压定律是基于电位的单值性。由前述内容可知，在选定了参考点以后，电路中的每一点都有各自确定的电位值。因此，单位正电荷从电路的任意一点出发，沿任一闭合路径绕行一周，绕行过程中，电压升必然等于电压降，这样回到出发点，才能具有出发点的电位值。由此推导出基尔霍夫电压定律，其英文缩写为 KVL（Kichhoff’s Voltage Law）。基尔霍夫电压定律适用于闭合回路，是对回路电压的约束。其内容可表述为：在任何时刻、沿任意一个方向、绕行闭合回路一周，电压升之和等于电压降之和，即电压的代数和恒等于零，则：

$$\sum u_{升} = \sum u_{降} \tag{1-27}$$

$$\sum u = 0 \tag{1-28}$$

KVL 的应用步骤如下：

（1）设定各元件电压的参考方向及回路的绕行方向。

（2）从回路的任意点出发，沿绕行方向循行一周回到出发点，列写电压方程 $\sum u_{升} = \sum u_{降}$。

应用 KVL 的关键是对选定的闭合回路列写出正确的电压方程。

五、电源的三种工作状态

在实际用电过程中，电源有三种基本状态，即有载、开路和短路状态。

（一）有载状态

在一电路中，开关 S 闭合，电源与负载接通，电路中产生电流，并向负载输出电流和功率，这种状态称为有载状态。电路有载工作时，有以下特征。

（1）电路中的电流为：

$$I=\frac{U_s}{R_0+R} \tag{1-29}$$

（2）电源的端电压为：

$$U=U_s-IR_0 \tag{1-30}$$

（3）电源发出的功率为：

$$P=UI=(U_s-IR_0)I=U_sI-I^2R_0 \tag{1-31}$$

通常负载（如电灯、电动机等）以并联的方式连接在电路中。因此，电路中接入的负载越多，总电阻越小，电路中的电流就越大，电源输出的功率也就越大。因此，电源输出的电流和功率取决于负载的大小。需要说明的是：电工技术中所说的负载重是指电源输出的电流或功率大。

电气设备在工作时所能承受的电压、电流和电功率是有限的。因此，并联的负载不能无限地增多。当电压过高时，超过设备内部绝缘材料的绝缘强度而发生击穿的现象，称为电击穿；当电流过大时，流经导体产生的热量增多，使导体温度过高而烧坏电气设备的现象，称为热击穿。因此，为了使电气设备能够长期、安全可靠地运行，给它规定了一定的使用限额，这种限额称为额定值。额定值常标在设备的铭牌上或写在说明书中，额定电流、额定电压和额定功率分别用 I_N 、U_N 、P_N 表示。使用时，电气设备的实际值不一定等于它们的额定值。电气设备的实际值等于额定值的工作状态，称为满载；低于额定值的工作状态，称为轻载；高于额定值的工作状态，称为过载。设备在满载运行时利用得最充分、最经济合理；轻载运行时不但设备不能被充分利用，而且可能工作不正常；设备在过载情况下工作时，如果超过额定值不多，并且持续时间不长，不一定会造成明显的事故，但可能影响设备的寿命，因此，一般是不允许过载的。在实际中，为了确保设备安全，通常要在电路中加入过载保护电器或电路。

（二）开路状态

将开关 S 断开，电路未构成闭合回路，称为开路状态。电路开路时，有以下特征：

（1）电路中的电流为：

$$I=0 \tag{1-32}$$

（2）电源的端电压为：

$$U=U_s-IR_0=U_s \tag{1-33}$$

（3）电源发出的功率为：

$$P = 0 \tag{1-34}$$

（三）短路状态

当电源的两个端钮被连接在一起时，电源被短路。电源短路时，电流由短路处经过，不再流过负载，电源的端电压为零。由于回路中仅有很小的电源内阻 R_0，因此，此时的电流非常大，称为短路电流，用 I_S 表示。

电源短路时有以下特征。

（1）电源输出的电流 I 及短路电流 I_S 为：

$$I = 0, \quad I_S = \frac{U_S}{R_0} \tag{1-35}$$

（2）电源的端电压为：

$$U = 0 \tag{1-36}$$

（3）电源发出的功率 P_E 及负载吸收的功率 P 为：

$$P_E = I_S^2 R_0, \quad P = 0 \tag{1-37}$$

电源短路是一种严重的事故。因此，通常在电路中接入熔断器等保护器件，以便在电源短路时，能迅速将电路断开，保护电源。为了工作需要而将局部电路短路不属于事故。通常将人为安排的短路，称为短接。

需要说明的是：在工程实际中，常常用“电源开路时电流为零、电源短路时端电压为零”的特征来排查电路故障。

第二节　电路的基本分析方法

一、等效分析法

电路也称网络，有两个端钮与外电路相连的网络称为二端网络。如果二端网络含有电源，称为有源二端网络；如果二端网络不包含电源，称为无源二端网络。两个二端网络等效的条件是它们端口的外特性完全相同，即如果把两个二端网络 N_1 和 N_2 接到任何相同的电源上，得到的端口电压和电流完全相同，则称二端网络 N_1 和 N_2 等效。但等效只是对于外电路而言，二端网络内部并不等效。两个二端网络等效，就可进行等效变换，以便达到简化电路分析和计算的目的。

（一）电阻串并联连接的等效变换

对于电阻元件而言，主要有串联和并联两种连接方式。串联电阻具有分压作用，并联电阻具有分流作用。

1. 电阻串联电路的等效变换

（1）电阻串联

两个或多个电阻依次首尾连接，通过的是同一电流，这种电阻的连接方式称为电阻串联。

（2）等效变换

电阻串联电路可用一个等效电阻来代替，使电路得到简化。等效电阻的计算公式为：

$$R = R_1 + R_2 + \cdots + R_n \tag{1-38}$$

（3）串联电阻的分压作用

串联电阻具有分压作用，阻值较大的电阻分得的电压较高，阻值较小的电阻分得的电压较低。两个电阻串联的分压公式为：

$$U_1 = IR_1 = \frac{R_1}{R_1 + R_2}U, \quad U_2 = IR_2 = \frac{R_2}{R_1 + R_2}U \tag{1-39}$$

2. 电阻并联电路的等效变换

（1）电阻并联

两个或多个电阻首端和尾端分别接在一起，各电阻承受同一电压，这种电阻的连接方式称为电阻并联。

（2）等效变换

电阻并联电路可用一个等效电阻来代替，使电路得到简化。等效电阻的计算公式为：

$$\frac{1}{R} = \frac{1}{R_1} + \frac{1}{R_2} + \cdots + \frac{1}{R_n} \tag{1-40}$$

（3）并联电阻的分流作用

并联电阻具有分流作用，阻值较大的电阻分得的电流较小，阻值较小的电阻分得的电流较大。两个电阻并联的分流公式为：

$$I_1 = \frac{U}{R_1} = \frac{R}{R_1}I = \frac{R_2}{R_1 + R_2}I, \quad I_2 = \frac{U}{R_2} = \frac{R}{R_2}I = \frac{R_1}{R_1 + R_2}I \tag{1-41}$$

实际电路往往是既有串联又有并联的混联电路，但都可用串联和并联等效电阻的计算公式进行简化。

（二）电阻星形连接与三角形连接的等效变换

对星形连接和三角形连接的电路，既非串联又非并联，不能用串并联等效的方法进行计算。在计算时，可根据需要将其中的一种形式等效地变换为另一种形式后，再根据电路特点进行计算。

1. 等效的条件

若如图 1-1（a）所示的电阻星形连接的电路与如图 1-1（b）所示的电阻三角形连接的电路对应端流入或流出的电流（I_a、I_b、I_c）相等，对应端间的电压（U_{ab}、U_{bc}、U_{ca}）也相等，则这两个电路对于外电路而言效果相同。此时，可将其中的一种形式等效地转换为另一种形式。

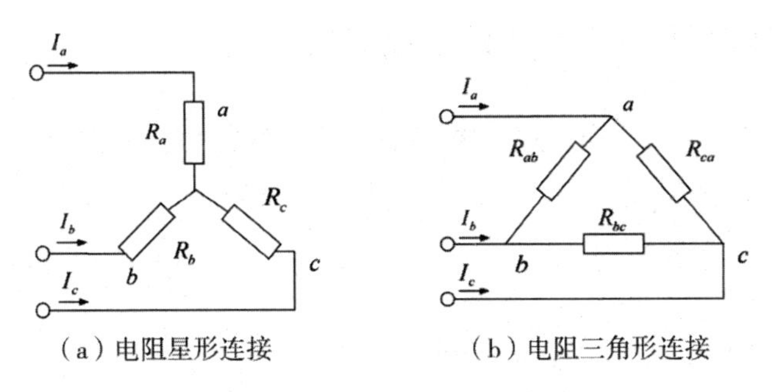

（a）电阻星形连接　　（b）电阻三角形连接

图 1-1　电阻星形连接和三角形连接

2. 等效变换公式

（1）将 Y 连接等效变换为△连接：

$$R_{ab} = \frac{R_aR_b + R_bR_c + R_cR_a}{R_c}$$

$$R_{bc} = \frac{R_aR_b + R_bR_c + R_cR_a}{R_a}$$

$$R_{ca} = \frac{R_aR_b + R_bR_c + R_cR_a}{R_b} \quad (1-42)$$

若 $R_a = R_b = R_c = R_Y$ 时，则：

$$R_{ab} = R_{bc} = R_{ca} = R_{\triangle} = 3R_Y \quad (1-43)$$

（2）将△连接等效变换为 Y 连接：

$$R_a = \frac{R_{ab}R_{ca}}{R_{ab} + R_{bc} + R_{ca}}$$

$$R_b = \frac{R_{bc}R_{ab}}{R_{ab} + R_{bc} + R_{ca}} \tag{1-44}$$

$$R_c = \frac{R_{ca}R_{bc}}{R_{ab} + R_{bc} + R_{ca}}$$

若 $R_{ab} = R_{bc} = R_{ca} = R_{\triangle}$ 时，则：

$$R_a = R_b = R_c = R_Y = \frac{R_{\Delta}}{3} \tag{1-45}$$

（三）实际电源两种模型之间的等效变换

电阻串并联连接的等效变换可将无源二端网络等效化简，而两种电源模型之间的等效变换可将有源二端网络等效化简，是分析、计算电路的方法之一。

1. 等效变换的条件

如图 1-2（a）所示的电压源模型的外特性为：

$$U = U_s - IR_0 \tag{1-46}$$

经整理可得：

$$\frac{U}{R_0} = \frac{U_s}{R_0} - I \tag{1-47}$$

$$I = \frac{U_s}{R_0} - \frac{U}{R_0} \tag{1-48}$$

如图 1-2（b）所示的电流源模型的外特性为：

$$I' = I_S - \frac{U'}{R_0} \tag{1-49}$$

由于两个二端网络等效的条件是它们端口的外特性完全相同，即 $U = U'$ 、$I = I'$ ，因此，要使实际电源的电压源模型和电流源模型等效，相关参数必须满足以下条件：

$$I_S = \frac{U_S}{R_0}, \quad R'_0 = R_0 \tag{1-50}$$

电压源模型和电流源模型的等效关系是相对外电路而言的，对电源内部是不等效的。如两个对外电路等效的电压源模型和电流源模型均开路时，电压源模型的内阻上无功率损耗，电流源模型的内阻上有功率损耗。因此，两个电源模型的内部功率损耗是不一样的。

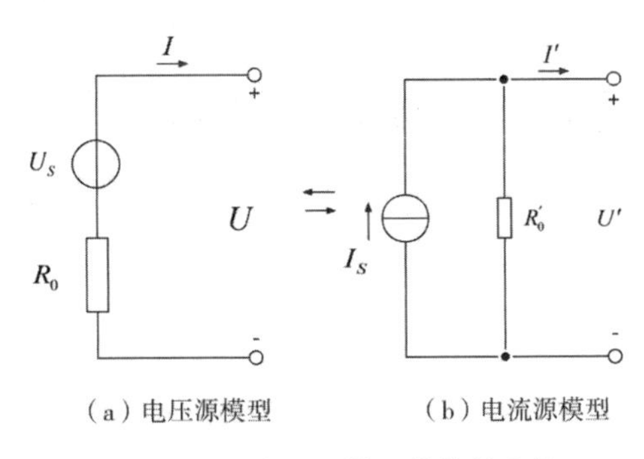

图 1-2　两种电源模型的等效变换

2. 等效变换的方法

两种电源模型等效变换的方法：如已知电压源模型的参数 U_S 和 R_0，则与之等效的电流源模型的参数为 $I_S = U_S/R_0$ 和 $R'_0 = R_0$；若已知电流源模型的参数 I_S 和 R'_0，则与之等效的电压源模型的参数为 $U_S = I_S R'_0$ 和 $R_0 = R'_0$。在进行等效变换时，电压 U_S 的正极性端和电流 I_S 的流出端是对应关系。

需要说明的是：由于理想电压源内阻为零，理想电流源的内阻为无穷大，不满足 $R_0 = R'_0$ 的条件，因此，理想电压源与理想电流源不能等效变换。

二、支路电流法

所谓的支路电流法，就是以支路电流为变量，对电路的节点列写 KCL 方程，对回路列写 KVL 方程，求解各支路电流的方法。支路电流法的实质就是应用基尔霍夫定律求解电路。若电路有 m 条支路，要列出 m 个独立方程，这是应用支路电流法的关键。当要求解多条支路的电流时，应用支路电流法比较方便。应用支路电流法，可按以下步骤求解电路。

1. 确定支路数 m，设定各支路的电流。
2. 确定节点数 n，列写 $n-1$ 个独立的 KCL 方程。
3. 选定回路，列写 $m-(n-1)$ 个独立的 KVL 方程。
4. 联立方程式，求解各支路电流。

三、节点电压法

若选定电路的任意一个节点为参考节点，则其余节点称为独立节点，独立节点与参考节点之间的电压称为节点电压，节点电压的参考方向假定为由独立节点指向参考节点。只有两个节点的电路在电力系统中有较多的应用。这里介绍两个节点电路的节点电压和各支路电流的求解方法。

在两个节点的电路中，选定 O 点为参考节点，则 A 点为独立节点，节点电压 U_{AO} 的参考方向由 A 点指向 O 点。

由于：

$$U_{AO} + I_1 R_1 = U_{S1} \tag{1-51}$$

$$U_{AO} + U_{S2} = I_2 R_2 \tag{1-52}$$

$$U_{AO} = I_3 R_3 \tag{1-53}$$

则：

$$\begin{aligned} I_1 &= \frac{U_{S1} - U_{AO}}{R_1} \\ I_2 &= \frac{U_{S2} + U_{AO}}{R_2} \\ I_3 &= \frac{U_{AO}}{R_3} \end{aligned} \tag{1-54}$$

对 A 点列写 KCL 方程，即：

$$I_1 + I_{S1} = I_2 + I_3 + I_{S2} \tag{1-55}$$

将各支路电流代入，得：

$$\frac{U_{S1} - U_{AO}}{R_1} + I_{S1} = \frac{U_{S2} + U_{AO}}{R_2} + \frac{U_{A0}}{R_3} + I_{S2} \tag{1-56}$$

即节点电压为：

$$U_{AO} = \frac{\dfrac{U_{S1}}{R_1} - \dfrac{U_{S2}}{R_2} + I_{S1} - I_{S2}}{\dfrac{1}{R_1} + \dfrac{1}{R_2} + \dfrac{1}{R_3}} = \frac{\sum I}{\sum G} \tag{1-57}$$

式（1-57）中，分子为含源支路等效电流的代数和，分母为各支路的电导之和。应当注意的是：当理想电压源端电压参考方向与节点电压参考方向一致时，电压源支路的等效电流取正，反之取负；电流源的电流流入独立节点时取正，反之取负。求出节点电压后，依据式（1-54）就可求解各支路的电流。

实质上，节点电压法就是应用基尔霍夫电流定律列出的以节点电压为变量的方程式，并求解节点电压和各支路电流的方法。两个节点的电路应用节点电压法求解电路的步骤如下。

1. 假定参考节点，另一节点与参考节点之间的电压就是节点电压。其参考方向假定为由独立节点指向参考节点。

2. 依据式（1-57），计算节点电压。

3. 计算各支路电流。

四、叠加定理

叠加定理是线性电路的重要性质，是线性电路普遍适用的规律。应用叠加定理可简化电路的分析和计算。其内容为：在多电源作用的线性电路中，任意一个支路的电压或电流等于各个电源分别单独作用在该支路产生的电压或电流的代数和。

考虑某一电源单独作用时，要假定其他电源不作用于该电路，对不作用的电源进行处理时，只处理理想电源，其内阻保留。不作用的理想电压源提供的电压为零，应视为短路，用短路代替；不作用的理想电流源提供的电流为零，应视为开路，用开路代替。这样，多电源作用的复杂电路就转换为简单电路，使复杂问题变得简单。但叠加定理仅适用于计算线性电路中的电压和电流，不能用于计算功率，因为功率等于电压和电流的乘积，与激励不是线性关系。应用叠加定理时，可按以下步骤求解电路。

1. 画分电路图，并依据分电路图的特点标注待求量的参考方向。

2. 计算各分量。

3. 将各分量叠加，对分量求代数和。求代数和时，要考虑分量的正负。当分量的参考方向与总量的参考方向一致时，取正值；相反时，取负值。

五、戴维宁定理

对某些复杂电路，如果只须计算某一支路的电流或电压，应用戴维宁定理进行求解比较简便。

戴维宁定理的内容为：任何一个线性有源二端网络都可用一个电压为 U_S 的理想电压源与阻值为 R_0 的内阻串联的电压源模型来等效代替。其中：理想电压源的电压 U_S 等于有源二端网络端口的开路电压 U_0，电阻 R_0 等于有源二端网络内部所有理想电源置零（所有的理想电压源短路，所有的理想电流源开路）时的等效电阻。这个与有源二端网络等效的电压源模型，又称戴维宁等效电路，R_0 称为戴维宁等效电阻。

线性有源二端网络变换为与之等效的电压源模型后，一个复杂的电路就变换为简单电路。应用戴维宁定理，可按以下步骤求解电路。

1. 将待求支路移走，求出余下的有源二端网络的开路电压 U_0，得到戴维宁等效电路的 U_S。

2. 将有源二端网络内的理想电源置零（理想电压源短路处理，理想电流源开路处理)，求出网络两端的等效电阻，得到戴维宁等效电路的 R_0。

3. 画出有源二端网络的戴维宁等效电路，将移走的待求支路接在戴维宁等效电路的两端，然后求解待求量。

六、暂态电路的分析

过渡过程普遍存在于自然界的各种运动和变化过程中。例如，电动机在不用时是静止的，其转速为零，是一种稳定状态。启动时，将电动机接通电源，它的转速从零逐渐上升到某一稳定值，即达到另一种稳定状态。这个启动过程不是瞬间完成的，而是需要经历一定的时间才能完成的过程，这一过程称为过渡过程。因过渡过程较短暂，故称暂态过程。暂态过程也存在于电路中，在一定的条件下，电路从一种稳定状态转换到另一种稳定状态，是不能跃变且需要一定的时间，这个过程就是电路的暂态过程。

暂态过程的产生需要外部条件和内部条件。外部条件是电路被换路。所谓的换路，是指电路的接通、断开、改接、元件参数改变等引起电路工作状态变化的过程，并认为换路是瞬间完成的。内部条件是当发生换路时电路从一种稳定状态转换到另一种稳定状态时引起能量的存储和释放。一般能量的存储和释放是不能跃变的，需要一定的时间。如果电路中含有储能元件电容 C 或电感 L，当电路发生换路时，会伴随电容中电场能量的变化和电感中磁场能量的变化，故电容的电压 u_C 和电感中的电流 i_L 不能发生跃变，只能逐渐变化，即出现暂态过程。

虽然暂态过程极为短暂，但是分析和研究暂态过程却有以下重要的实际意义：一方面，可充分利用电路的一些暂态特性，如在电子技术中利用 RC 电路的充放电来产生脉冲信号；另一方面，又可采取保护措施，以防止暂态过程产生的过电压和过电流造成的破坏性后果。

如果电路的暂态过程可用一阶微分方程来描述，则称为一阶暂态电路。这里主要讨论由直流电源驱动的一阶线性 RC 暂态电路和 RL 暂态电路的分析方法。

(一) 换路定则和初始值的确定

1. 换路定则

前已述及，在换路瞬间电容两端的电压和流过电感的电流是连续变化的。因此，电路在换路瞬间，电容的电压 u_C、电感的电流 i_L 不能跃变，这就是换路定则。

通常将换路瞬间用 $t=0$ 表示，并用 $t=0$，表示换路前最后的一个瞬间；用 $t=0$，表示换路后最初的一个瞬间，则换路定律也可描述为：

$$\left.\begin{aligned} u_C(0_+) &= u_C(0_-) \\ i_L(0_+) &= i_L(0_-) \end{aligned}\right\} \tag{1-58}$$

需要说明的是：除电容的电压 u_C 和电感的电流 i_L 以外，电路中其他各处的电压、电流在换路前后是可能发生跃变的。

2. 初始值的确定

电路中各元件的电压和电流在换路后的最初一个瞬间（$t=0_+$）的值，称为暂态过程的初始值。若用 f 代表电流或电压，则其初始值记为 $f(0_+)$，初始值的求解步骤如下。

①画出换路前最后一瞬间（$t=0_-$）的等效电路（电容元件视为开路，电感元件视为短路），求出 $u_C(0_-)$ 和 $i_L(0_-)$。

②依据换路定则确定 $u_C(0_+)$ 及 $i_L(0_+)$。

③画出换路后最初的一瞬间（$t=0_+$）的等效电路（电容元件用等值电压源代替，电感元件用等值电流源代替），依据电路结构，求出其余的初始值。

（二）RC 电路的暂态分析

对一阶暂态电路进行分析常采用经典法，即依据电路的基本定律列出描述暂态电路的微分方程，求解暂态电路中电压、电流响应的方法。下面用经典法分析 RC 暂态电路：

1. RC 电路的零输入响应

在一阶电路中，若没有外施激励，称为零输入。在零输入条件下仅由储能元件的初始储能引起的响应，称为零输入响应。

RC 电路的零输入响应，实质上是电容器在放电过程中所产生的电流、电压响应。一阶 RC 电路中，当开关 S 置于“1”端时电路已处于稳态，即电容的电压为 $u_C(0_-)=U_0$；在 $t=0$ 时将开关 S 置于“2”端从而引起换路，由换路定则可得 $u_C(0_+)=u_C(0_-)=U_0$。

换路后，在 $t=0_+$ 时 RC 电路脱离电源，已充了电的电容器通过电阻 R 放电，电路中形成放电电流 i。随着放电时间的增加，电容器中的储能逐渐被电阻消耗，电容器两端的电压 u_C 逐渐降低，最后趋于零。可知，换路后电路中的响应仅是由电容的初始储能引起的，即为零输入响应。

列出换路后电路的 KVL 方程，即：

$$u_C - u_R = 0 \tag{1-59}$$

式中，$u_R = Ri$，$i=-C\dfrac{\mathrm{d}u_C}{\mathrm{d}t}$（负号表示 i 与 u_C 的参考方向非关联），代入式（1-59）可得：

$$RC\frac{\mathrm{d}u_C}{\mathrm{d}t}+u_C=0 \tag{1-60}$$

解此微分方程并将初始值 $u_C(0_+)=u_C(0_-)=U_0$ 代入，得电容的电压、电流响应为：

$$u_C=U_0e^{-\frac{t}{RC}}\quad(t>0) \tag{1-61}$$

$$i_C=\frac{u_C}{R}=\frac{U_0}{R}e^{-\frac{t}{RC}}\quad(t>0) \tag{1-62}$$

可知，电容电压 u_C 和电容电流 i_C 以相同的指数规律变化，其变化的快慢取决于电路参数 R 和 C 的乘积。

若令 $\tau=RC$，则 τ 具有时间的量纲，$\left\{[RC]=\Omega(\text{欧})\cdot \mathrm{F}(\text{法})=\Omega(\text{欧})\cdot\frac{\mathrm{C}(\text{库})}{\mathrm{V}(\text{伏})}=\Omega(\text{欧})\cdot\frac{\mathrm{A}\cdot\mathrm{s}(\text{安}\cdot\text{秒})}{\mathrm{V}(\text{伏})}=\mathrm{s}(\text{秒})\right\}$，故将 $\tau=RC$ 称为电路的时间常数。

于是，式（1-61）和式（1-62）可写为：

$$u_C=U_0e^{-\frac{t}{\tau}}\quad(t>0) \tag{1-63}$$

$$i=\frac{u_C}{R}=\frac{U_0}{R}e^{-\frac{t}{\tau}}\quad(t>0) \tag{1-64}$$

还可将式（1-63）写成常用的表达式，即：

$$u_C=u_C(0_+)\,e^{-\frac{t}{\tau}}\quad(t>0) \tag{1-65}$$

根据式（1-63）计算出电容放电电压 u_C 随时间变化的典型数值，并列于表 1-1 中。

表 1-1　电容放电电压 u_C 随时间变化的典型数值

时间/ t	0	τ	2τ	3τ	4τ	5τ	…	∞
电容电压/ u_C	U_0	$0.368\,U_0$	$0.135\,U_0$	$0.05\,U_0$	$0.018\,U_0$	$0.007\,U_0$	…	0

由表 1-1 可知，当 $t=0$ 时，$u_C=U_0$；当 $t=\tau$ 时，$u_C=0.368U_0$。电容放电时时间常数 τ 的物理意义为：换路后电容电压 u_C 衰减到其初始值 U_0 的 36.8%所需要的时间。由此可得以下结论。

①时间常数 τ 是用来表征暂态过程快慢的物理量。τ 越大，暂态过程越慢；反之，τ 越小，暂态过程越快。

②理论上，只有经过 $t=\infty$ 的时间，电容电压 u_C 才能从初始值衰减到零，电路才能完成暂态过程，进入稳定状态。但由于在 $t=3\tau$ 时，$u_C=0.05U_0$；在 $t=5\tau$ 时，$u_C=0.007U_0$，因此，在实际中一般认为只要经过 $t=(3\sim5)\tau$ 的时间，暂态过程就基本结束。

③时间常数 τ（$\tau=RC$）仅由换路后的电路参数决定。它反映了该电路的固有特性，

与外施激励及换路前的情况无关。其中：R 为换路后从电容 C 两端看到的戴维宁等效电阻值。

2. RC 电路的零状态响应

在一阶电路中，如果储能元件的初始储能为零，称为零状态。在零状态条件下，电路换路后仅仅由外施激励引起的响应，称为零状态响应。

RC 电路的零状态响应，实质上是储能为零的电容在充电过程中所产生的电流、电压响应。RC 电路在直流电源作用下对电容充电。换路前（$t<0$ 时）开关 S 处于断开位置，电容 C 未被充电，$u_C(0_-)=0$，即为零状态。在 $t=0$ 时开关 S 闭合，电路发生换路，RC 电路与直流电源接通，电源对电容进行充电。由于换路瞬间电容电压是不能跃变的，即 $u_C(0_+)=u_C(0_-)=0V$，因此，电容电压从零开始逐渐增加，同时产生充电电流。当电容电压上升到电源电压（即 $u_C=U_S$）时，电容充电完毕，暂态过程结束。此后，电路中的电流与电压不再变化，电路进入稳态，此时对应的电压、电流为稳态值，记为 $u_C(\infty)$ 和 $i_C(\infty)$。用经典法对一阶 RC 暂态电路的零状态响应做定量分析，可得：

$$u_C=U_S(1-e^{-\frac{t}{T}})\quad(t>0) \tag{1-66}$$

$$i=\frac{u_R}{R}=\frac{U_S}{R}e^{-\frac{t}{\tau}}\quad(t>0) \tag{1-67}$$

还可将式（1-66）写成常用的表达式为：

$$u_C=u_C(\infty)(1-e^{-\frac{t}{T}})\quad(t>0) \tag{1-68}$$

依据式（1-66）计算出 u_C 随时间变化的过程，并列于表 1-2 中。

表 1-2　电容充电时电压 u_C 随时间变化过程

时间/ t	0	τ	2τ	3τ	4τ	5τ	…	∞
电容电压/ u_C	0	$0.632U_S$	$0.855U_S$	$0.950U_S$	$0.982U_S$	$0.993U_S$	…	U_S

可知，电容充电时 τ 的物理意义是 u_C 由初始值上升到稳态值的 63.2%所需的时间。

在实际应用中，认为经过 $t=(3\sim5)\tau$ 的时间，电路就达到稳定状态，电容的充电过程基本结束。

3. RC 电路的全响应

如果电路中储能元件的初始储能不为零，同时又有外施激励的作用，那么，由储能元件的初始储能和外施激励共同作用引起的响应，称为全响应。

设电路换路前（$t<0$ 时）开关 S 处于位置“1”，电容有初始储能，$u_C(0_-)=U_0$。在 $t=0$ 时，电路发生换路，开关 S 拨到位置“2”，接入直流电源 U_S，此时，$u_C(0_+)=$

$u_C(0_-)=U_0$。

换路后，若电容电压的初始值小于电源电压（$U_0<U_S$），是电容充电的过程；若电容电压的初始值大于电源电压（$U_0>U_S$），是电容放电的过程；若电容电压的初始值等于电源电压（$U_0=U_S$），储能元件没有能量的变换，RC 电路无暂态过程，在换路瞬间立即进入稳态。用经典法对一阶 RC 暂态电路的全响应做定量分析，可得：

$$
\begin{aligned}
u_C &= U_0 e^{-\frac{1}{RC}} + U_S(1-e^{-\frac{1}{RC}}) \\
&= u'_C + u''_C
\end{aligned}
\tag{1-69}
$$

可知，RC 电路的响应 u_C 可分为两部分：$u'_C=U_0e^{-\frac{1}{RC}}$ 是由电容的初始储能产生的，为零输入响应；$u''_C=U_S(1-e^{-\frac{t}{RC}})$ 是由外施激励产生的，为零状态响应。即一阶暂态电路的响应可看成零输入响应和零状态响应的叠加。式（1-69）也可整理为：

$$u_C=U_S+(U_0-U_S)e^{-\frac{t}{\tau}}=u_C(\infty)+[u_C(0_+)-u_C(\infty)]\mathrm{e}^{-\frac{t}{\tau}} \tag{1-70}$$

式（1-70）中，$u_C(\infty)$ 为稳态分量，$[u_C(0_+)-u_C(\infty)]\mathrm{e}^{-\frac{t}{t}}$ 为暂态分量。

（三）RL 电路的暂态分析

一阶 RL 暂态电路与一阶 RC 暂态电路的分析方法相同。因此，介绍一阶 RL 暂态电路时不做详述。但需要说明的是：在计算 RL 暂态电路的电压、电流响应时，其时间常数的计算公式为 $\tau=\dfrac{L}{R}$。其中，R 为换路后从电感 L 两端看到的戴维宁等效电阻。

1. RL 电路的零输入响应

换路后 RL 短接、电感通过电阻放电引起的响应就是 RL 电路的零输入响应。其中：电感的电流和电压响应分别为：

$$i_L=i_L(0_+)\mathrm{e}^{-\frac{t}{T}} \quad (t>0) \tag{1-71}$$

$$u_L=-u_R=-Ri_L(0_+)\mathrm{e}^{-\frac{t}{\tau}} \quad (t>0) \tag{1-72}$$

零输入响应从初始值开始按指数规律逐渐衰减，直至电感释放出全部初始储能，放电电流趋于零为止。

RL 串联电路是线圈的电路模型。若将线圈从直流电源断开（换路），线圈的电流变化率 $\dfrac{\mathrm{d}i}{\mathrm{d}t}$ 很大，会在线圈两端产生过电压 $u=L\dfrac{\mathrm{d}i}{\mathrm{d}t}$，过电压可能将开关两触点间的空气击穿而产生电弧，会损坏设备、伤害人身。因此，将线圈从电源断开时，必须接一个低值电阻以延续电流的流动。

在实际应用中，线圈两端通常并联一个二极管来保护线圈。正常工作时，开关 S 闭合，二极管反接，电流不经过二极管。S 断开时，线圈中产生的自感电动势维持 i_L 按原方向经等效二极管继续流动逐渐衰减为零。因此，此二极管称为续流二极管，起保护作用。

2. RL 电路的零状态响应

换路后，从 $t=0$ 时电感开始储能达到新的稳态时 $i_L(\infty)=\frac{U_S}{R}$ 引起的响应，即为 RL 电路的零状态响应。其中：电感的电流、电压响应为：

$$i_L=i_L(\infty)(1-e^{-\frac{t}{\tau}})\quad(t>0) \tag{1-73}$$

$$u_L=U_S-u_R=U_S e^{-\frac{t}{\tau}}\quad(t>0) \tag{1-74}$$

i_L 由初始值随时间按指数规律逐渐增加，u_L 则逐渐减少；当 $t\to\infty$ 时，电路达到稳态，电感两端的电压趋近于零，电感 L 相当于短路，其电流趋近于稳态值 $i_L(\infty)$。

3. RL 电路的全响应

换路前（开关 S 断开）电路电阻为 R_1、R_2 和电感 L 串联后接在直流电源上，电感有初始储能，电感上电流的初始值为：

$$i_L(0_+)=i_L(0_-)=I_0=\frac{U_S}{R_1+R_2} \tag{1-75}$$

在 $t=0$ 时，电路发生换路，开关 S 闭合，电路为 R_1、L 串联后接在直流电源上。因此，电路中的电压、电流响应为外施激励和电感的初始储能共同作用产生的全响应。电感上电流的全响应为零输入响应和零状态响应的叠加，即：

$$i_L=\frac{U_S}{R_1}+\left(I_0-\frac{U_S}{R_1}\right)e^{-\frac{t}{\tau}} \tag{1-76}$$

式（1-76）也可整理为稳态分量和暂态分量之和，即：

$$i_L=i_L(\infty)+[i_L(0_+)-i_L(\infty)]e^{-\frac{x}{t}} \tag{1-77}$$

（四）一阶电路暂态分析的三要素法

由式（1-76）和式（1-77）可知，一阶电路暂态过程中的电压、电流响应均是由初始值、稳态值和时间常数三个要素决定的。三要素法就是专门为求解由直流电源激励、只含有一个储能元件的一阶电路响应而归纳总结出的一般表达式。用这个通用表达式可方便、快捷地求解出一阶暂态电路的响应。

若一阶暂态电路的响应用 $f(t)$ 表示，相应变量的初始值用 $f(0_+)$ 表示，相应变量的稳态值用 $f(\infty)$ 表示，时间常数用 τ 表示，则一阶电路暂态分析的三要素法一般公式为：

$$f(t)=f(\infty)+[f(0_+)-f(\infty)]e^{-\frac{t}{\tau}} \tag{1-78}$$

第二章 正弦交流电路

第一节 正弦交流电的基本知识

大小或方向变化的电压或电流或电动势，统称为交流电。在交流电作用下的电路，称为交流电路。按照正弦规律周期性变化的交流电，称为正弦交流电，它是一种特殊类型的交流电，其电流或电压或电动势的表达式为：

$$
\begin{aligned}
i &= I_m \sin(\omega t + \psi_i) \\
u &= U_m \sin(\omega t + \psi_u) \qquad (2\text{-}1) \\
e &= E_m \sin(\omega t + \psi_e)
\end{aligned}
$$

这里，交流电的电流、电压或电动势，均用对应的小写字母 i 、u 和 e 来表达，表示随时间变化的量，i 、u 和 e 代表的是某一时刻的瞬时值。所以，把式（2-1）称为正弦量（正弦电流或正弦电压或正弦电动势）的瞬时表达式。

其他类型的交流电称为非正弦交流电。本书中提到的交流电，如果不加特别说明，一般是指正弦交流电。

一、正弦量三要素

正弦交流电的电流或电压或电动势，都满足一般正弦函数的表达式，统称为正弦量。随时间周期性变化的正弦量，只需要有三个参数就可以唯一确定其表达式，在电学领域，这三个参数被称为正弦量三要素：幅值、角频率和初相位。例如，在式（2-1）中，对正弦量 i，其幅值是 I_m，角频率是 ω，初相位是 ψ；对正弦量 u，其幅值是 U_m，角频率是 ω，初相位是 ψ_u。

下面分别介绍正弦量的三要素，以及与三要素相关的量。为了表述的方便，将正弦量的一般表达式写为：

$$\alpha = A_m \sin(\omega t + \psi) \qquad (2\text{-}2)$$

这里，正弦量 α 可以是正弦电流 i 、正弦电压 u 和正弦电动势 e 中任意一个。那么，

对正弦量 α，其三要素就是幅值 A_m 角频率 ω 和初相位 ψ。

（一）角频率、频率和周期

正弦量在数学上是一个正弦函数，正弦函数是一个周期函数，这个周期就是正弦量的周期，记为 T。对正弦量 α，根据周期函数的定义有：

$$\alpha = A_m\sin[\omega(t+T)+\psi] = A_m\sin(\omega t+\psi) \tag{2-3}$$

即有：

$$A_m\sin(\omega t+\psi+\omega T) = A_m\sin(\omega t+\psi) \tag{2-4}$$

根据正弦函数的性质和周期的定义可知，式（2-4）总是成立的条件是：

$$\omega T = 2\pi \tag{2-5}$$

也即角频率 ω 与周期 T 的关系为：

$$\omega = \frac{2\pi}{T} \tag{2-6}$$

根据频率的定义可知，频率 f 与周期 T 的关系为：

$$f = \frac{1}{T} \tag{2-7}$$

所以，可以写出角频率 ω 与频率 f 的关系为：

$$\omega = 2\pi f \tag{2-8}$$

这里，周期 T 的国际单位为秒（s）；频率 f 的国际单位为赫兹（Hz）；角频率 ω 的国际单位为弧度/秒（rad/s）。由于角频率和频率、周期存在这种确定的关系，正弦量三要素之一的角频率，也可改为频率或周期，即频率或周期是正弦量的三要素之一。

从正弦量的函数表达式［见式（2-2）］来看，可以广义地认为，直流电是交流电的一种特殊形式，因为只要 $\omega=0$，正弦量 α 的大小和方向将保持不变，退化为直流电。这表明直流电可以看作是频率 $f=0$ 或周期 $T\to\infty$ 的一种特殊正弦交流电。

国家规定，电力系统发电设备、输电设备、变电设备，以及工业与民用电气设备等必须采用一个统一的额定频率。这个额定频率称为工频，这种交流电就称为工频交流电。

各个国家的工频交流电所使用的频率有两个，分别是 50Hz 或 60Hz。中国使用的交流电，工频为 50Hz。俄罗斯、印度、德国、法国、英国、意大利等大多数国家，工频交流电的频率都为 50Hz。美国、加拿大、韩国等少数国家使用的是 60Hz 的工频交流电。有些国家则出于历史原因，国内工频交流电的频率并不统一，50Hz 和 60Hz 共存，比如日本、巴西、墨西哥、沙特等国。

（二）初相位和相位

对一个正弦量 α［见式（2-2）］，其相位为 $\omega t+\psi$ ，这是一个角度，而且是随时间变化的角度。正弦量 α 的初相位为 ψ ，这是一个角度，而且是一个固定的角度，决定了正弦量的起始位置。初相位简称为初相。

在计算时，需要注意角频率 ω 单位与初相 ψ 单位的对应关系，如果初相 ψ 用的单位是度（°），则角频率 ω 的单位应该用（°）/s，如果初相 ψ 用的单位是弧度（rad），则角频率 ω 的单位应该用 rad/s。

对两个同频率的正弦量 α_1 和 α_2：

$$\begin{cases}\alpha_1 = A_{1m}\sin(\omega t+\psi_1)\\ \alpha_2 = A_{2m}\sin(\omega t+\psi_2)\end{cases} \tag{2-9}$$

其相位差 $\phi=(\omega t+\psi_1)-(\omega t+\psi_2)=\psi_1-\psi_2$。所以，对同频率的两个正弦量，其相位差就等于初相之差。对于不同频率的正弦量，由于其相位差 ϕ 随时间变化，不是一个固定值，其比较没有意义，所以，一般不比较不同频率的正弦量。比较两个正弦量时，有一个默认的前提，就是两者的频率或角频率相同。

两个正弦量的相位差 ϕ 可以用于描述两个正弦量的超前、滞后关系。对式（2-9）所表达的两个正弦量：

（1）如果相位差 $\phi>0$，就称正弦量 α_1 超前正弦量 α_2。

（2）如果相位差 $\phi=0$，就称正弦量 α_1 与正弦量 α_2 同相。

（3）如果相位差 $\phi<0$，就称正弦量 α_1 滞后正弦量 α_2。

特别地，当 $|\phi|=\pi$ 时，称正弦量 α_1 与正弦量 α_2 反相。同样，两个相量超前、滞后、同相及反相的关系，比较的是两个同频率的正弦量，这是默认的前提。

（三）幅值和有效值

对正弦量 α［见式（2-2）］，其幅值用对应的大写字母加下标“m”来表达，即 A_m 。比如，正弦电压 u 的幅值记为 U_m ，正弦电流 i 的幅值记为 I_m ，正弦电动势 e 的幅值记为 E_m 。幅值表示的是正弦量相对平衡位置所能达到的最大值，与物理上振幅的含义相同。

电气工程上，正弦交流电的大小通常用有效值来表示，而不是写出正弦量的复杂正弦函数。对正弦量 α ，可以是正弦电压 u ，也可以是正弦电流 i ，其有效值是按照热效应来定义的，即，在一个单位电阻（$R=1\Omega$）的电阻元件上，分别加载直流量 A（直流电流或直流电压）和正弦量 α ，若在正弦量 α 一个周期 T 内，两者产生的热量相等，则称该直流

量 A 是正弦量 α 的有效值。即有：

$$A^2T = \int_0^T \alpha^2 \mathrm{d}t \tag{2-10}$$

一般约定，用正弦量对应的大写字母表示该正弦量的有效值，即正弦量 α 的有效值记作 A 。比如，正弦电流 i 的有效值记作 I ，正弦电压 u 的有效值记作 U ，正弦电动势 e 的有效值记作 E 。

将正弦量 α 的表达式（2-2），代入式（2-10）可得：

$$A = \sqrt{\frac{1}{T}\int_0^T \alpha^2 \mathrm{d}t} = \sqrt{\frac{1}{T}\int_0^T A_m^2 \sin^2(\omega t + \psi)\mathrm{d}t} = \frac{A_m}{\sqrt{2}} \tag{2-11}$$

这即表明，对正弦电流 i 、正弦电压 u 和正弦电动势 e ，其有效值 I 、U 和 E 分别为：

$$I = \frac{I_m}{\sqrt{2}}$$

$$U = \frac{U_m}{\sqrt{2}} \tag{2-12}$$

$$E = \frac{E_m}{\sqrt{2}}$$

中国工频交流电的正弦电压有效值为 220V。大部分国家工频交流电的电压有效值在 230V 左右，或在 120V 左右。比如，美国工频交流电电压有效值为 110V、英国为 240V、德国为 220V、印度为 127V。

二、正弦交流电的相量表示法

在线性电路中，正弦交流电源激励在电路中引起的响应，是频率相同的正弦电压或正弦电流，所以，在分析正弦交流电路时，可不考虑角频率或频率的差别，而只考虑幅值或有效值，以及初相这两个要素的差别。

基于这个考虑，并为了便于分析正弦交流电路，学者提出了用相量来等价表达正弦量的方法，称为相量表示法，表达的结果称为相量表达式。相量表示法：对正弦量 α ，其对应的相量为有效值 A 上加一小圆点，记作 $\dot{A}$ ；相量 $\dot{A}$ 是一个复数，采用极坐标式表达，复数的模为正弦量 α 的有效值 A ，复数的辐角为正弦量 α 的初相。即，对正弦量 $\alpha = A_m \sin(\omega t + \psi)$ ，其对应的相量表达式为：

$$\dot{A} = A\angle\psi \tag{2-13}$$

该式也称为正弦量 α 的有效值相量式。

相量 $\dot{A}$ 是复数，但不能说复数就是相量，相量是一个与正弦量相对应的复数。为了有所区别，相量符号上会加一个小圆点，而一般的复数则不用加此小圆点。

有些地方，正弦量 $\alpha = A_m \sin(\omega t + \psi)$ 对应的相量也用幅值相量来表达，即：

$$\dot{A}_m = A_m \angle \psi \tag{2-14}$$

即正弦量 α 对应的相量为 $\dot{A}_m$ ，该复数极坐标式的模为正弦量 α 的幅值 $\dot{A}_m$ ，辐角为正弦量 α 的初相。

一般来说，正弦量 α 的幅值相量 $\dot{A}_m$ 用得比较少，而常用的是有效值相量 $\dot{A}$ 。

于是，对正弦电流 i ，其瞬时表达式和对应的相量式为：

$$\begin{cases} i = I_m \sin(\omega t + \psi_i) \\ i = I \angle \psi_i \end{cases} \tag{2-15}$$

对正弦电压 u ，其瞬时表达式和对应的相量式为：

$$\begin{cases} u = U_m \sin(\omega t + \psi_u) \\ \dot{U} = U \angle \psi_u \end{cases} \tag{2-16}$$

需要注意的是：正弦量的瞬时表达式和其相量式可以相互表达，即知道其中一个表达式，可以写出另一个表达式，这两种表达方式是等价的。但正弦量和其相量并不相等，正弦量是随时间变化的实数，而其相量是一个不随时间变化的复数。比如，$I_m \sin(\omega t + \psi_i) \neq I \angle \psi_i$ 。

相量的作用：可用于简化瞬时表达式的计算。

第二节　认识与分析正弦交流电路

一、单一参数的正弦交流电路

在电路中，有三种基本的负载元件，它们是电阻、电感和电容。进行电路分析时，我们只讨论理想的电阻、理想的电感和理想的电容。然后用理想元件进行组合连接，模拟实际的元件。

只包含一种理想负载元件的电路，称为单一参数电路。这里介绍在正弦交流电激励下，理想元件上电压与电流的关系，以及相关的功率问题。单一参数正弦交流电路的分析，是复杂正弦交流电路分析的基础。下面分别介绍电阻元件的正弦交流电路、电感元件的正弦交流电路和电容元件的正弦交流电路。

对于线性元件构成的正弦交流电路，如果激励为正弦交流电，则电路中的响应也为正弦交流电，而且激励和响应的频率相同。这个性质是正弦交流电路采用相量式进行电路分析的基础，在之后的表达中将作为默认前提不再赘述。

（一）电阻元件的正弦交流电路

在电阻元件 R 的电路中，流过电阻 R 的电流为正弦交流电流 i，电阻 R 两端的电压为正弦交流电压 u，所以，这是一个只有电阻的单一参数正弦交流电路。这里，令正弦交流电流 i 的表达式为

$$i = \sqrt{2}I\sin(\omega t + \psi) \tag{2-17}$$

对于电阻，交流电路中的欧姆定律也是成立的。在电阻元件电路中，u 和 i 的参考方向关联，所以有

$$u = iR \tag{2-18}$$

因为 u 和 i 是随时间变化的量，也称式（2-18）为电阻 R 上电压和电流的瞬时表达式。

下面对电阻 R，根据 u 和 i 的瞬时表达式，推导出对应电压相量 $\dot{U}$ 和对应电流相量 $\dot{I}$ 之间的表达式。

将式（2-17）代入式（2-18）可得

$$u = \sqrt{2}IR\sin(\omega t + \psi) \tag{2-19}$$

可见，在正弦量 i 的激励下，响应 u 也是正弦量。根据正弦量 i 和 u 的表达式，见式（2-17）和式（2-19），可以分别写出它们的相量式：

$$\begin{cases} \dot{I} = I\angle\psi \\ \dot{U} = IR\angle\psi \end{cases} \tag{2-20}$$

将电压相量 $\dot{U}$ 除以电流相量 $\dot{I}$ 得

$$\frac{\dot{U}}{\dot{I}} = \frac{IR\angle\psi}{I\angle\psi} = R \tag{2-21}$$

所以，相量 $\dot{U}$ 和相量 $\dot{I}$ 的关系为

$$\dot{U} = \dot{I}R \tag{2-22}$$

式（2-22）称为电阻 R 上电压和电流的相量表达式，或称为欧姆定律的相量形式，也称作欧姆定律的广义形式。

根据 u 和 i 相量表达式关系，见式（2-22），容易得出如下结论：

（1）电阻上，电压有效值 U 和电流有效值 I 的关系为

$$U = IR \tag{2-23}$$

因为 $\dot{U}=\dot{I}R=IR\angle\psi$ ，根据相量的定义可知，电压 u 的有效值为 $U=IR$ ，电压 u 的初相为 ψ 。根据前面对正弦电流 i 的表达式的假设，可知电流 i 的初相为 ψ 。

（2）电阻上，电压 u 和电流 i 同相，或称相量 $\dot{U}$ 和相量 $\dot{I}$ 同向。

（二）电感元件的正弦交流电路

电感元件 L 的单一参数正弦交流电路，流过电感 L 的电流为正弦交流电流 i ，其两端的电压为 u 。这里，令正弦交流电流 i 的表达式为

$$i=\sqrt{2}I\sin(\omega t+\psi) \tag{2-24}$$

对于电感 L ，如果电压 u 和电流 i 的参考方向关联，则有

$$u=L\frac{\mathrm{d}i}{\mathrm{d}t} \tag{2-25}$$

式（2-25）称为电感 L 上电压和电流的瞬时表达式。

下面对电感 L ，根据 u 和 i 的瞬时表达式，推导出对应电压相量 $\dot{U}$ 和对应电流相量 $\dot{I}$ 之间的表达式。

将式（2-24）代入式（2-25）可得

$$u=\sqrt{2}I\omega L\sin(\omega t+\psi+90°) \tag{2-26}$$

可见，在正弦量 i 的激励下，响应 u 也是正弦量。根据正弦量 i 和 u 的表达式，见式（2-24）和式（2-26），可分别写出它们的相量式：

$$\begin{cases}\dot{I}=I\angle\psi\\ \dot{U}=I\omega L\angle(\psi+90°)\end{cases} \tag{2-27}$$

将电压相量 $\dot{U}$ 除以电流相量 $\dot{I}$ 得

$$\frac{\dot{U}}{\dot{I}}=\frac{I\omega L\angle(\psi+90°)}{I\angle\psi}=\omega L\angle 90°=j\omega L \tag{2-28}$$

这里，令 $X_L=\omega L$ ，称 X_L 为电感 L 的感抗，并称 jX_L 为电感 L 的复感抗。感抗 X_L 的国际单位为 Ω。所以，相量 $\dot{U}$ 和相量 $\dot{I}$ 的关系可表达为

$$\dot{U}=\dot{I}(jX_L) \tag{2-29}$$

式（2-29）称为电感 L 上电压和电流的相量表达式。

根据 u 和 i 相量表达式关系，见式（2-29），容易得出如下结论：

（1）电感上，电压有效值 U 和电流有效值 I 的关系为

$$U=IX_{\mathrm{L}} \tag{2-30}$$

因为 $\dot{U}=\dot{I}(jX_L)=IX_L\angle(\psi+90°)$ ，根据相量的定义可知，电压 u 的有效值为 $U=$

IX_L，电压 u 的初相为 ψ +90°。根据正弦电流 i 的表达式可知，电流 i 的初相为 ψ 。于是，正弦电压 u 的初相减去正弦电流 i 的初相为 90°，于是得出第二条结论。

（2）电感上，电压 u 超前电流 i 相位 90°，或称相量 $\dot{U}$ 超前相量 $\dot{I}$ 相位 90°。

对于感抗 $X_L=\omega L$，它表明了电感元件对通过它的电流的阻碍作用，此作用与交流电的频率密切相关。值得一提的是，前面提到直流电可以看成是频率为 0 的特殊正弦交流电，所以，在直流电路中，电感的感抗 $X_L=0$，这表明电感对电流没有阻碍作用，其表现就像电感处的电路短路了一样。如果电感在正弦交流电路中，则随着频率 f 的增大，感抗 X_L 也将越来越大，也即对电流的阻碍作用越来越强。这表明，电感具有俗称的“通直隔交”的作用。

（三）电容元件的正弦交流电路

电容元件 C 的单一参数正弦交流电路。流过电容 C 的电流为正弦电流 i，电容 C 两端的电压为正弦电压 u，两者参考方向关联。这里为了推导的方便，令正弦电压 u 为

$$u=\sqrt{2}U\sin(\omega t+\psi) \tag{2-31}$$

对电容 C，电压瞬时量 u 和电流瞬时量 i 关系为

$$i=C\frac{\mathrm{d}u}{\mathrm{d}t} \tag{2-32}$$

式（2-32）称为电容 C 上电压和电流的瞬时表达式。

下面对电容 C，根据 u 和 i 的瞬时表达式，推导出对应电压相量 $\dot{U}$ 和对应电流相量 $\dot{I}$ 之间的表达式。

将式（2-31）代入式（2-32）可得

$$i=\sqrt{2}U\omega C\sin(\omega t+\psi+90^\circ) \tag{2-33}$$

可见，在正弦量 u 的激励下，响应 i 也是正弦量。根据正弦量 u 和 i 的表达式，见式（2-31）和式（2-33），可分别写出它们的相量式

$$\begin{cases}\dot{U}=U\angle\psi\\ \dot{I}=U\omega C\angle(\psi+90^\circ)\end{cases} \tag{2-34}$$

将电压相量 $\dot{U}$ 除以电流相量 $\dot{I}$ 得

$$\frac{\dot{U}}{\dot{I}}=\frac{U\angle\psi}{U\omega C\angle(\psi+90^\circ)}=\frac{1}{\omega C}\angle-90^\circ=-j\frac{1}{\omega C} \tag{2-35}$$

这里，令 $X_C=\dfrac{1}{\omega C}$，称 X_C 为电容 C 的容抗，并称 $-jX_C$ 为电容 C 的复容抗。容抗 X_C 的

国际单位为 Ω。所以，相量 $\dot{U}$ 和相量 $\dot{I}$ 的关系可表达为

$$\dot{U}=\dot{I}(-jX_C) \tag{2-36}$$

式（2-36）称为电容 C 上电压和电流的相量表达式。

根据 u 和 i 相量表达式关系，见式（2-36），容易得出如下结论：

（1）电容上，电压有效值 U 和电流有效值 I 的关系为

$$U=IX_C \tag{2-37}$$

这里重新令正弦电流 $i=\sqrt{2}I\sin(\omega t+\psi)$ ，主要是为了与电阻和电感的正弦交流电路的正弦电流一致，方便以电流为基准进行比较。

因为 $\dot{U}=\dot{I}(-jX_C)=IX_C\angle(\psi-90°)$ ，根据相量的定义可知，电压 u 的有效值为 $U=IX_C$ 。还可知，电流 i 的初相为 ψ ，而电压 u 的初相为 ψ −90°，即电压初相减去电流初相为−90°。于是得出第二条结论。

（2）电容上，电压 u 滞后电流 i 相位 90°，或称相量 $\dot{U}$ 滞后相量 $\dot{I}$ 相位 90°。

对于容抗 $X_C=\dfrac{1}{\omega C}$ ，它表明电容元件对通过它的电流的阻碍作用，此作用与交流电的频率密切相关。前面提到直流电可以看成是频率为 0 的特殊正弦交流电，所以，在直流电路中，电容的容抗 $X_C\rightarrow\infty$ ，这表明此时流过电容的电流趋近于 0，其表现为电容处的电路就像断路了一样。如果电容在正弦交流电路中，则随着频率 f 的增大，容抗 X_C 将越来越小，也即对电流的阻碍作用越来越弱。这表明，电容具有俗称的“隔直通交”的作用。

二、一般正弦交流电路的分析

对于简单连接的正弦交流电路，可以采用阻抗的等效变换来简化电路，实现电路的分析。

对于有多个电源作用，并且电路元件连接复杂的一般正弦交流电路，则需要运用相量形式的欧姆定律和相量形式的基尔霍夫定律，通过列方程求解电路。在直流电路中使用的电路分析方法，在正弦交流电路中也同样适用，比如，支路电流法、节点电位法、叠加定理分析法及戴维宁定理分析法等。

一般正弦交流电路的分析，可以遵照如下步骤：

1. 将电路中正弦电源的电压或电流用相量表达，即

$$u_S\rightarrow\dot{U}_S,\quad i_S\rightarrow\dot{I}_S$$

2. 将负载全部用阻抗来表达，即

$$R\rightarrow R,\quad L\rightarrow jX_L,\quad C\rightarrow -jX_C$$

3. 电路中需要标记的电流和电压，全部用相量来标志，并标好电压相量和电流相量的参考方向。

4. 运用欧姆定律建立电压相量和电流相量之间的关系，运用基尔霍夫定律列电压相量方程和电流相量方程。

相量形式的欧姆定律：$\dot{U}=\dot{I}Z$

对节点运用基尔霍夫电流定律列电流方程：$\sum_{k}\dot{I}_{k}=0$

对回路运用基尔霍夫电压定律列电压方程：$\sum_{k}\dot{U}_{k}=0$

5. 求解方程，得到待求的电压相量和电流相量，根据需要写出它们对应的有效值或正弦量。

不管采用哪种方法求解，正弦交流电路大都遵循以上五个步骤。

第三节　三相交流电路

一、什么是三相电路

如果在交流电路中作用着两个或两个以上频率相同。但在相位上相差一定角度的交变电动势，那么这种电路称为多相电路。三相电路即为频率相同、相位上相差120°的交流电路。

二、三相发电的基本原理及介绍

三相发电机的结构如图2-1所示，在定子上装了三个独立且相同的绕组，称为三相绕组。绕组的始端一般用A、B、C表示，末端则用X、Y、Z表示。简单来说，三相电路可以看作是三个正弦交流电的叠加。

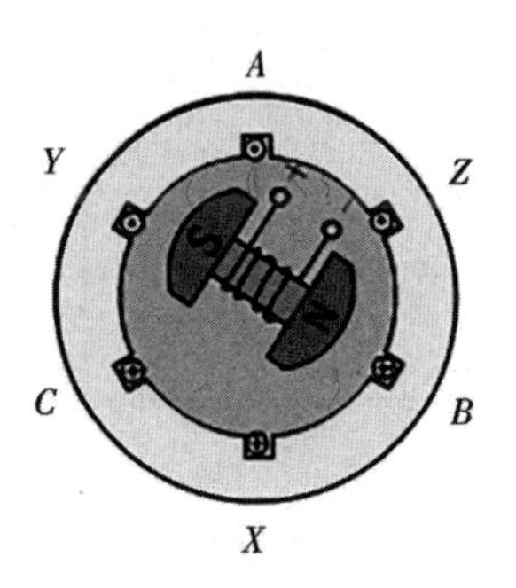

图2-1　三相发电机的结构

由于每个绕组除了相位相差120°之外，其余特征完全一样，因此，三相电动势可用以下三角函数式表达（规定电动势的正方向从末端指向始端）：

$$e_A = E_m \sin\omega t \tag{2-38}$$

$$e_B = E_m \sin(\omega t - 120°) \tag{2-39}$$

$$e_C = E_m \sin(\omega t - 240°) = E_m \sin(\omega t + 120°) \tag{2-40}$$

因此，如果把三相电动势的向量加起来，可以发现 $e_A + e_B + e_C = (-e_C) + e_C = 0$，由此得出一个重要结论，即任何对称三相正弦量在任一瞬间的和都为零。

一般而言，对于一个三相绕组，其 A 相可以随意指定，但是 A 相确定后，比 A 相滞后120°的就是 B 相，超前120°的就是 C 相，不可混淆，原因会在后文中讨论。通常会在三根引出线上涂上黄、绿、红三种颜色，分别用来标记 A 、B 、C 三相。

发电机每相绕组的始端与末端之间的电压，即每根端线之间的电压称为相电压，用 u_A 、u_B 、u_C 表示（正方向从始端到末端）；而端线与端线之间的电压则称为线电压，用 u_{AB} 、u_{BC} 、u_{CA} 表示。

三、三相发电机的连接与应用

一般情况下，无论是电源还是负载，都有两种连接方式，即星形（Y）连接与三角形（△）连接，如图2-2和图2-3所示。

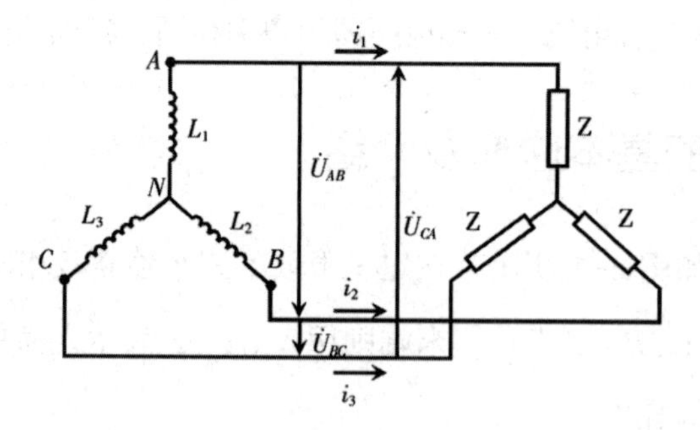

图2-2　三相电源的星形接法

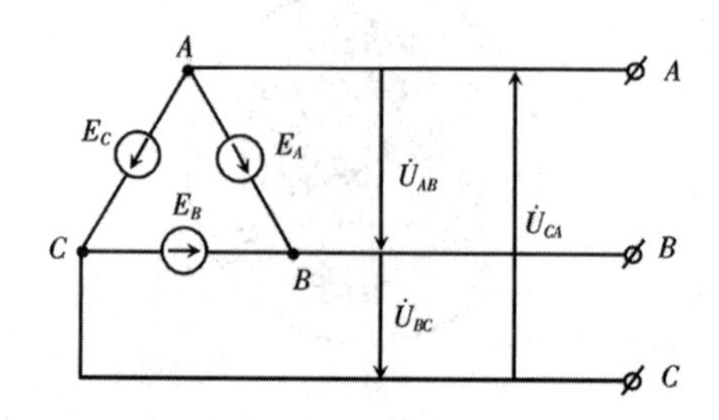

图2-3　三相电源的三角形接法

三相电源的星形连接中，三个末端连接在一起的一点 N，称为中性点或零点。从中性点引出的导线称为中性线（或零线），从三相绕组的三个始端引出的导线称为端线（相线或火线）。这种三相供电叫作三相四线制；一些三相电机由于负载对称，不需要这根零线，则称为三相三线制；而一些家用电路出于安全考虑，会再添加一根地线，则称为三相五线制。

在三相电源的星形连接中，我们可以得到如下关系：

$$u_{AB} = u_A - u_B \tag{2-41}$$

$$u_{BC} = u_B - u_C \tag{2-42}$$

$$u_{CA} = u_C - u_A \tag{2-43}$$

同理，用 U 表示电压的有效值，可以得到类似的结论。

目前，我国的低压三相四线制供电系统能够提供 220V（照明等生活用电）与 380V（三相电动机用电）两种电压，其中，380V 即线电压，220V 即相电压。如果不加说明，三相电路中提到的电压均指相电压。

至于三相发电机的三角形连接，其每相的电动势也是对称的，即其瞬时值的代数和或有效值的向量和为 0，因此，当发电机尚未与负载连接时，三角形回路中不会有回路电流。但如果连接不正确，将某一绕组接反了，那么回路中的电动势就是 $2E$（E 为单个绕组电动势的有效值），很可能将发动机组烧毁。而且，实际生活中三相发电机产生的电动势只能是近似的正弦量，即使连接正确，回路中也会有微弱的电流引起电能损耗，因此，三相发电机通常不做三角形连接。

四、三相负载的连接

实际生活中，电路中的负载（非电机）一般不会是简单的电阻，还包括电容和电感，需要考虑其电抗、无功功率以及其引起的相位改变。本文中所有负载均看作理想电阻，认为电路视在功率等于电阻的有效功率，且相位等于供电装置相位。三相电路中的电流，有相电流和线电流之分。每相负载中流过的电流称为相电流，每根端线中流过的电流称为线电流。规定相电流的正方向与相电压的正方向一致，线电流的正方向从电源端到负载端，中性线中的电流则规定从负载中性点到电源中性点。

当负载为星形连接时，很明显相电流等于线电流，其大小可以用欧姆定律进行计算；而在负载对称的三相电路中，中性线中的电流（有效值）明显为零（这点可以类比电桥进行考虑），既然中性线中没有电流通过，中性线也就不需要了，这也就是三相三线制。三相三线制在工农业中的用途极为广泛，因为工农业中的三相负载一般都是对称的。当然，在一般的生活电路中是不会采用三相三线制的，这是因为平时生活电路中的负载都是不对称的，如果采用三相三线制的话，中性点的电势将不再为零，因此，电源的相电压将不再等于负载的相电压，也就是说相电压乃至功率不对称了，这样的话就会导致有的用电器功率过高以至于烧坏或者减少使用寿命，而有的用电器则因功率不足无法发挥应有的功效。在三相负载的三角形连接中，我们可以很容易发现，无论负载是否对称，其相电压一定是对称的。而在负载对称的三相电路中，线电流的大小是相电流的 $\sqrt{3}$ 倍，其相位要比相电流滞后 30°，在负载不对称的三相电路中则不存在以上关系。

五、三相电路的功率与连接方式的关系

接下来对不同接法的负载功率进行讨论，为了简化讨论，本文只考虑负载对称时的功率变化，其余情况可参考此类情况进行详解。

首先，设电路的线电压（有效值，下同）和线电流为 U_i、I_i，相电压和相电流为 U_φ、I_φ，φ_p 为相电压与相电流的相位差，于是有

$$P_{总} = P_1 + P_2 + P_3 = 3U_\varphi I_\varphi \cos\varphi_P \tag{2-44}$$

因为在负载的星形连接中，存在

$$U_i = \sqrt{3}U_\varphi \tag{2-45}$$

$$I_i = I_\varphi \tag{2-46}$$

因此，将式（2-45）和式（2-46）代入式（2-44），得

$$P_{总} = \sqrt{3}U_i I_i \cos\varphi_P \tag{2-47}$$

同理，在负载的三角形连接中，存在

$$U_i = U_\varphi，\ I_i = \sqrt{3}I_\varphi \tag{2-48}$$

同样可得

$$P_{总} = \sqrt{3}U_i I_i \cos\varphi_P \tag{2-49}$$

从式（2-47）我们可以看出，无论是星形连接还是三角形连接，在线电压与线电流相等的情况下，其消耗功率都是一样的。然而，这并不意味着我们可以任意切换连接方式。比如说，星形连接的负载，当切换成三角形连接之后，由于线电压不变，相电压便变成原来的 $\sqrt{3}$ 倍，同时负载阻抗不变，相电流也变成原来的 $\sqrt{3}$ 倍，进而线电流变为原先的 3 倍，功率也变为原来的 3 倍，很可能将负载烧坏。

六、三相电路的优缺点

优势：一是相同条件下三相电路比单相电路更节约金属用料；二是三相电路供电瞬时

功率为一个常数，电机运行稳定；三是三相发电机与变压器设备简单，易于制造，经济可靠；四是一些需要正反转的生产设备可通过改变供电相序来控制三相电动机的正反转，操作简单。

作为生活供电装置，三相电源几乎没有缺点。唯一的缺点是难以用来制作稳压电源。三相电路的终端设备已经发展得很完善，目前正在完善的是前端供电质量，即三相电源的波形纯净度和功率因数等问题。

七、安全用电和静电防护

（一）电气防火和防爆

电气火灾和爆炸是指由电气原因引起的火灾和爆炸事故。它不仅会直接造成建筑物和设施损坏、人员伤亡，而且可能危及电网，造成大面积停电，带来巨大的损失，因此，必须严加防范。

随着生活水平的不断提高，各种照明用具，以及电视机、电冰箱、洗衣机、空调、电风扇、微波炉、电磁炉、电熨斗等家用电器已相当普及，所以，需要特别注意家用电器火灾的预防，按照各种家用电器使用说明书正确规范安装、使用电器，采取必要的安全防护措施，以预防为主，防止电气火灾。

1. 电气火灾和爆炸的原因

发生电气火灾和爆炸要具备两个条件：一是电气设备附近存在可燃易爆物质；二是要有引燃引爆条件，即出现电气火源。

（1）具有易燃易爆环境

在各种生活和生产场所中，广泛存在各种可燃易爆物质，如可燃液体、可燃气体、可燃粉尘和纤维等，这些可燃易爆物质接触到火源就会着火燃烧甚至发生爆炸。

（2）具备引燃引爆条件

照明灯具和电热器具等一些电气设备在正常工作情况下的工作温度常高于易燃物质的引燃温度。如100W的荧光灯管表面温度为100～120℃，100W的白炽灯泡表面温度为170～200℃，卤钨灯灯管表面温度为500～1000℃，高压水银灯的表面温度和白炽灯相近，电热器具的表面温度通常在800℃以上。如果接触到易燃介质，温升达到介质的引燃温度，就可能引起火灾。

电气设备和线路，由于绝缘老化、受潮、积污、化学腐蚀、机械损伤等原因使绝缘失效，导致相间短路或相对地短路，电流剧增使温度急剧增加。电气设备在运行过程中，由于不符合使用条件，如电气设备过负荷、连接点接触不良造成局部电阻增大、铁芯过热、某些电气设备应有的通风散热设施损坏等产生危险高温。

有些电气设备运行时会产生电火花和电弧。电火花是电极间的一种击穿放电现象，电弧则是大量电火花汇集而成的。电火花和电弧的产生分为正常状态和事故状态两种情况。

正常状态是指有些电气设备在正常工作情况下就能产生电火花和电弧。例如，各种电器开关、接触器和继电器的触点之间，直流电动机的电刷和换向器之间，绕线转子异步电动机的电刷与滑环之间，工作时总会有或大或小的电火花、电弧产生。而电焊机、切割机本身就是利用电弧来工作的。

事故状态是指电气线路或电气设备的故障和不合理用电引起的电火花和电弧。例如，发生相间短路或相对地短路、导线连接点接触不良、电动机严重过载或断相运行、因接线错误造成短路、开关自动跳闸、熔断器熔丝熔断、电力系统内部过电压，从而引起电火花、电弧和高温，引起易燃易爆物质燃烧或爆炸。

2. 电气防火防爆的措施

根据发生电气火灾和爆炸要具备的两个条件，电气防火防爆的措施也应该主要从两个方面展开。

（1）管控可燃易爆物品

可燃液体、可燃气体、可燃粉尘和纤维等可燃易爆物质的管理、存放、贮运要符合消防安全法规，符合国家标准或行业标准。可燃易爆物品与电气设备的距离要符合安全标准和规定。防止可燃易爆物质泄漏，保证易燃易爆气体的浓度不致引起火灾和爆炸，按规定安装设置安全报警装置和防护设施。

（2）消除电气火源

电气设备的选择、安装、使用要严格遵守有关国家标准、行业标准和有关规范。电线、电气设备的额定值或容量必须合适，电气线路应有相应的保护装置，以便在发生过载、漏电、短路等情况下能自动切断电源。根据使用场所条件，合理选择电气设备的型式，如在矿井等有可能存在爆炸性气体的场所，应采用防爆式电动机。平时要加强对电气设备的运行管理和监督，切实防止电气事故的发生。

3. 电气火灾的扑救

电气火灾不同于其他一般性火灾，在扑救电气火灾时，若不注意或未采取适当的安全措施，可能会导致触电或其他严重事故。

（1）电气火灾的特点

电气火灾的突出特点有三个：一是着火后电气设备可能仍然带电；二是着火后使电气

设备绝缘损坏，或带电体断落而形成接地或短路事故，使在一定范围内大地带电，存在危险的接触电压和跨步电压；三是充油电气设备，如某些变压器、断路器、电容器等，内部的绝缘油属于可燃液体，着火受热后可能喷油燃烧甚至爆炸。

（2）电气火灾的扑灭

发生电气火灾时，应尽可能先切断所有电源，然后再扑救，以防人身触电。切断电源时，应使用绝缘工具操作。剪断相线时，不同相的电线应在不同位置剪断，并分相切断，以免造成短路。

如果发生电气火灾时火势迅猛，情况危急，来不及断电，或由于某种原因不能断电时，为了争取灭火时机，防止火灾扩大，就要带电灭火。带电灭火时，应使用电气火灾灭火器，即使用不导电的灭火剂。而消防用水、泡沫灭火器、水枪等均属于导电灭火器材，一般不能用于带电灭火，只能用于断电后的火灾。电气火灾灭火器有二氧化碳灭火器和干粉灭火器，能够用于带电灭火。

带电灭火时，人体及使用的导电消防器材与带电设施应保持足够的安全距离。如果带电导线断落地面，应画出一定的警戒区，进入警戒区的人员必须穿绝缘靴、戴绝缘手套。如果需要使用水枪进行带电灭火，也须穿绝缘靴、戴绝缘手套，并将水枪金属喷嘴可靠接地。未穿绝缘靴的扑救人员，要防止因地面水渍导电而触电。

充油电气设备着火时，应设法将设备中可燃的绝缘油放至事故蓄油坑或其他安全地方，坑内或地面上的油火可用干沙或灭火器扑灭。要注意地面上的油火不能用水喷射，油比水轻，油漂浮在水面上会使火势蔓延。

对架空线路等高空设备灭火时，人体与带电体之间的仰角不应大于45°，并站立在线路外侧，以防带电导线断落造成触电。

（二）静电的危害和防护

相对静止的电荷称为静电，它通常是由物体之间的相互摩擦或感应产生的，生活中和生产中常常有静电产生。随着技术的发展，静电在一些领域得到有效的应用，例如，静电复印、静电喷绘、静电植绒、静电纺织、静电除尘、静电分选等。但是，在一定条件下，静电也给生产和生活带来某些危害，必须加以防护。

1. 静电的产生

静止电荷的产生和积聚，原因很多，但主要可以从物质内部特性和物体外部作用两个角度来说明。

从物质内部特性角度来讨论，首先，静电的产生是由于物质的逸出功不同。在正常情况下，由于原子核的束缚，电子不易脱离原子，一般物质都是电中性的。要使电子脱离原子或原子团，必须有外力做功。使一个电子逸出物质所需外力做的功称为逸出功。当逸出功不同的两种物质紧密接触再快速分离后，在接触面上就会发生电子转移，逸出功小的物质失去电子而带正电荷，逸出功大的物质则得到电子而带负电荷。各种物质电子逸出功的不同是产生静电的基础。其次，静电的积聚和物质的导电性能有很大关系，导电性能以电阻率来表示。电阻率越大，物质的导电性能越差，产生的静电一般越不容易泄漏，越容易积聚。因此，电阻率的大小决定静电积聚和泄漏的难易程度。金属虽是良导体，但当它与大地绝缘时，和绝缘体一样，会带有静电。另外，物质的介电常数也是影响电荷积聚的一个因素。介电常数也称电容率，是决定电容的一个主要因素。在具体配置条件下，物体的电容与电阻结合起来，决定了静电的积聚特性。

从物体的外部作用角度来讨论静电的产生，主要有四种情况：一是物体的紧密接触与快速分离，两种不同的物质在紧密接触与快速分离的过程中，由于物质的逸出功不同，可以将外部能量转变为静电能量，并储存于物质之中，紧密接触与快速分离的主要表现形式除摩擦外，还有撕裂、剥离、加捻、撞击、挤压、拉伸、过滤及粉碎等；二是附着带电，某种极性离子或自由电子附着在与大地绝缘的物体上，也能使该物体呈带静电的现象，例如，人在有带电微粒的场所活动后，由于带电微粒吸附于人体，因而也会带静电；三是感应起电，带电物体能使附近与它并不相连接的另一导体表面的不同部位也出现极性相反的电荷，这种现象为感应起电；四是极化起电，绝缘体在静电场内，其内部或表面的分子能产生极化而出现电荷的现象，叫静电极化作用。如在绝缘容器内盛装带有静电的物体时，容器的外壁也具有带电性，就是静电极化作用引起的。

静电主要是由不同物质相互摩擦产生的。两种逸出功不相同的物质互相摩擦时，就可能发生电子的转移。逸出功小的物质容易失去电子而带正电，逸出功大的物质容易得到电子而带负电。产生静电的物体如果与周围绝缘，电荷就会逐渐增多，静电就会逐渐积累。不同种类的固态物体相互摩擦可以产生静电，例如，人穿橡胶底鞋在绝缘材料的地板上行走时可能产生数千伏的静电。液体在流动、过滤、灌注、喷射及剧烈晃动过程中也可产生静电，例如，汽油、苯、乙醚等易燃液体在灌装、输送、运输等过程中，在管道、储罐、罐车中发生冲击和摩擦，都可产生静电。多种气体或粉尘在管道中流动、喷射时也可产生静电。

2. 静电的危害

静电的主要危害是由于静电放电而引起爆炸和火灾，其次还会发生电击事故和妨碍生产。

（1）静电火花引起燃烧爆炸

如果在接地良好的导体上产生静电后，静电会很快泄漏到大地中，但如果是绝缘体上产生静电，则电荷会越聚越多，形成很高的电位。当带电体与不带电体或静电电位很低的物体接近时，如电位差达到一定值，就会发生放电现象，并产生火花。静电放电的火花能量达到或大于周围可燃物的最小点火能量，而且可燃物在空气中的浓度或含量也已在爆炸极限范围以内时，就能引起燃烧或爆炸。例如，一定条件下，矿井下静电能引起瓦斯爆炸，加油站静电能引起油气燃爆，可造成重大事故。

（2）静电电击

当人体与其他物体之间发生静电放电时，人即遭到电击。静电电压虽然很高，有时可达数万伏，但是静电能量并不大，通常不超过几十毫焦。静电电击直接致伤、致命的可能性不大，但是，由静电电击而引起的二次事故，例如，人在静电电击后突然跌倒至危险场所或从高处坠落等，可能造成严重事故。

（3）静电会干扰正常生产和影响产品质量

静电还可能使通信系统、计算机系统及其他电子系统受到干扰影响而失灵失效，使通信中断，甚至可能引起铁路、航空的自动信号系统失误，这些也可能造成重大事故。

（4）静电会损坏电子元器件

在电子工业中，随着集成度越来越高，集成电路的内绝缘层越来越薄，互连导线宽度与间距越来越小，例如，CMOS 器件绝缘层的典型厚度约为 0.1μm，其相应耐击穿电压 80～100V；VMOS 器件的绝缘层更薄，击穿电压为 30V。而在电子产品制造中以及运输、储存等过程中所可能产生的静电电压远远超过 MOS 器件的击穿电压，如果防范措施不到位，往往会使器件产生硬击穿或软击穿（器件局部损伤）现象，使其失效或严重影响产品的可靠性。

3. 静电的防护

静电防护，一方面，要减少静电的产生和积聚；另一方面，要将产生的静电有效地尽快消除。对静电的防护方法主要有以下六类：

（1）减小摩擦法

静电主要是由不同物质相互摩擦产生的，通常，摩擦速度越高、阻力越大、面积越大，产生的静电就越多。因此，减小摩擦可以减少静电。例如，液体、气体或粉尘物质在管道内流动时，应使用光滑管道，降低流速；带传动时应保持正常的拉力，防止打滑，或用齿轮传动代替带传动。

（2）自然消散法

易产生静电的机械零部件应尽可能采用导电材料制作。只能使用橡胶、塑料和化纤等材料时，可在加工工艺或配方中做适当改变，例如掺入导电添加剂，如金属粉、炭黑、导电杂质等，制成导电的橡胶、塑料和化纤，或在绝缘材料表面喷涂金属粉末或导电漆，形成导电薄膜。对于易产生静电的液体，可添加某种溶液，以增加其导电性能。

在不影响生产的情况下，可以适度增加空气的相对湿度，以增加空气中离子的浓度，促进静电的中和，同时也降低了带电绝缘体的电阻率，此方法常用在纺织工业中以降低纤维中产生的静电。

（3）导体接地法

接地是将产生静电的设施连接到能供给或接收大量电荷的物体，如大地、水上船舶等。接地是消除静电的重要措施，能将静电导入大地，简单易行，十分有效。凡用来加工、储存、运输各种易燃的液体、气体和粉料的金属容器、管道和设备均应接地。加油站台、油品车辆等浮动设备也应接地，例如，油罐车上应装设金属链条拖在地面上，让行驶中产生的静电经金属链条导入大地。具有爆炸危险的场所，地面应该由导电材料制成，例如，用导电混凝土铺设，门把手也应该接地，使人身上带的静电在进入危险的场所前先导入大地。同一场所两个以上产生静电的设备和装置，如工厂车间的氢气、乙炔管道等应连接成一个整体予以接地，以防止相互间存在电位差而放电。接地防静电的方法只能用于导体，如果管道是由绝缘材料制成的，则可在管道内壁加衬金属丝网，在管外缠绕金属丝，再将其内外进行接地，接地连接必须可靠。

（4）静电中和法

静电中和法是用静电消除器产生相反极性的电荷去中和物体上所带的静电。常见的静电消除器有感应式、高压式、放射性式及离子流式等。

感应静电消除器由多组尾端接地的金属针及其支架组成，可使生产物料上产生的静电在金属针尖上感应出相反的电荷，在针尖附近形成很强的电场，将空气电离而形成电晕放电，使正、负离子分别向生产物料和针尖移动，从而将静电中和。高压静电消除器带有外加高压电源，使针尖附近发生电晕放电，产生正、负离子，在电场力作用下，一部分极性相反的离子飞向带电体，使带电体上的电荷得到中和。放射性静电消除器用放射性元素放射 α、β 粒子，使空气电离，以消除静电。离子流静电消除器将电离了的离子空气，用送风装置吹到带电体上，以消除静电。

（5）静电序列法

按照物质逸出功的大小，不同物质相互摩擦时的带电极性可排列成一些静电序列。例如，（+）玻璃—锦纶—羊毛—丝绸—黏胶纤维—棉—纸—麻—钢铁—硬橡胶—醋酯纤维—合成橡胶—涤纶—腈纶—氯纶—聚乙烯—赛璐珞—玻璃纸—聚氯乙烯—聚四氟乙烯（-）。

在同一静电序列中，前后两种物质互相摩擦时，前者带正电，后者带负电。因此，选择适当的材料和工序可以控制或抵消静电的产生。例如，玻璃和合成橡胶摩擦，玻璃带正电，合成橡胶带负电。而合成橡胶和聚氯乙烯摩擦，合成橡胶带正电，聚氯乙烯带负电。如果工序设计成合成橡胶先后与玻璃、聚氯乙烯产生摩擦，则合成橡胶上产生的静电荷能够被中和。

（6）静电屏蔽法

静电敏感电子组件在储存或运输过程中会暴露于有静电的区域中，可能损坏电子组件。用静电屏蔽的方法可削弱外界静电对电子组件的影响，最通常的方法是用静电屏蔽袋和防静电周转箱作为保护。另外，防静电衣对人穿的衣服具有一定的屏蔽作用，可防范人体静电。

第三章 变压器与电动机

第一节 变压器

变压器是一种静止的电器设备，它利用电磁感应原理，是将一种电压、电流的交流电能转换成同频率的另一种电压、电流的交流电能。变压器可以用于能量转换、信号转换或电气隔离等，在电能的生产、传输、转换和利用过程中得到广泛应用，是极其重要的电气设备。

一、变压器的工作原理和结构

（一）变压器的工作原理

变压器工作原理的基础是电磁感应定律。变压器的基本结构是两个互相绝缘的绕组套在一个共同的铁芯上。变压器两个绕组的匝数分别为 N_1 和 N_2，彼此绝缘，绕组之间只有磁的耦合而没有电的联系。匝数为 N_1 的绕组接交流电源，称为一次（原边或初级）绕组；匝数为 N_2 的绕组接负载，称为二次（副边或次级）绕组。当一次绕组接到交流电源时，绕组中便有交流电流 i_1 流过，并在铁芯中产生与外加电压频率相同的交变磁通 ϕ，此交变磁通同时交链一次绕组和二次绕组。

根据电磁感应定律，交变磁通 ϕ 在一次绕组、二次绕组中感应出相同频率的电动势 e_1 和 e_2。若忽略绕组的漏磁通，变压器的一次电压、二次电压可以近似表示为：

$$u_1 \approx -e_1 = N_1 \frac{d\phi}{dt} \tag{3-1}$$

$$u_2 \approx e_2 = -N_2 \frac{d\phi}{dt} \tag{3-2}$$

$$\frac{u_1}{u_2} = \frac{e_1}{e_2} = \frac{N_1}{N_2} \tag{3-3}$$

由此可见，变压器一次绕组、二次绕组电势之比以及电压之比都等于一次绕组、二次绕组的匝数之比。因此，改变一次绕组或二次绕组的匝数，即可改变二次绕组电压的大小，满足各种不同用电者的要求，这就是变压器的基本工作原理。

（二）变压器的分类

变压器的种类很多，可按其相数、绕组、结构、冷却方式和用途的不同进行分类。

1. 按照变压器的相数，可以分为三相变压器和单相变压器。在三相电力系统中，一般应用三相变压器，当容量过大且受运输条件限制时，在三相电力系统中也可以应用三台单相式变压器组成变压器组。

2. 按照绕组的数目，可分为双绕组变压器和三绕组变压器。通常的变压器都为双绕组变压器，即在同一铁芯柱上有两个绕组，一个为原边绕组，一个为副边绕组。三绕组变压器为容量较大的变压器（在5 600kVA以上），用以连接三种不同的电压输电线路。在特殊的情况下，也可应用更多绕组的变压器。

3. 按照结构形式，可分为芯式变压器和壳式变压器。电力变压器都是芯式变压器。

4. 按照绝缘和冷却条件，可分为油浸式变压器和干式变压器。为了加强绝缘和冷却条件，变压器的铁芯和绕组都一起浸入灌满变压器油的油箱中。在特殊情况下，例如路灯或矿山照明时，可用干式变压器。

此外，还有各种专门用途的特殊变压器。例如，试验用高压变压器、电炉用变压器，电焊用变压器和可控硅线路中用的整流变压器，用于测量仪表的电压互感器与电流互感器等。

（三）变压器的基本结构

通常的电力变压器大部分为油浸式，主要由铁芯、绕组、油箱和绝缘套管等部件组成。铁芯和绕组是变压器进行电磁感应的基本部分，称为器身；油箱起机械支撑、冷却散热和保护作用；油起冷却和绝缘作用；套管主要起绝缘作用。

1. 铁芯

铁芯是变压器的磁路部分，分为铁芯柱和铁轭两部分。绕组包围着的部分称为铁芯柱，铁轭将铁芯柱连接起来，使之形成闭合磁路。为了提高磁路的磁导率和降低铁芯的涡流损耗，铁芯通常由厚度为0.35mm且表面涂有绝缘漆的硅钢片叠压而成。

按铁芯的结构划分变压器，可以分为芯式变压器和壳式变压器。芯式结构的特点是铁芯柱被绕组包围。在单相芯式变压器中，绕组放在两个铁芯柱上，两柱上的对应边绕组可接成串联或并联。在三相芯式变压器中，每相各有一个铁芯柱，用两个铁轭把所有的铁芯柱连接起来。壳式结构的特点是铁芯包围绕组的顶面、底面和侧面。壳式结构的机械强度较好，但制造复杂、铁芯用材较多、散热不好。芯式结构比较简单，绕组的装配及绝缘比较容易。因此，电力变压器的铁芯主要采用芯式结构。

为了减小接缝间隙以减小磁阻和励磁电流，硅钢片叠装一般采用交错式叠法，使相邻层的接缝错开，热轧硅钢片的叠片次序如图 3-1 所示。当采用冷轧硅钢片时，由于这种钢片顺碾轧方向磁导率高、损耗小，如果按直角切片法裁料会在拐角处引起附加损耗，故采用图 3-2 所示的 45°斜接缝叠装法。

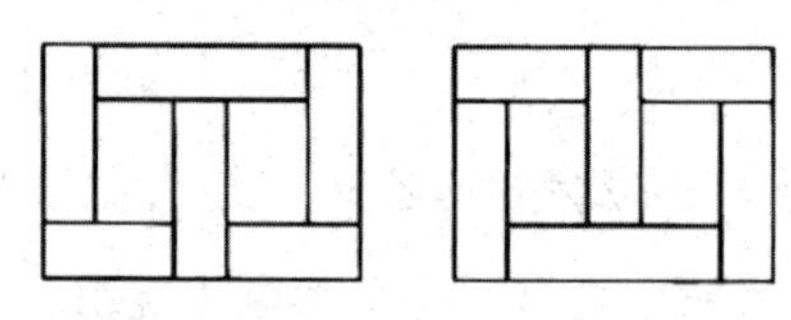

图 3-1　热轧硅钢片的叠片次序

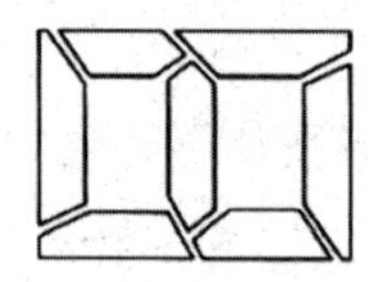
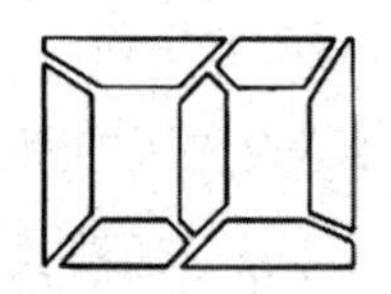

图 3-2　冷轧硅钢片的排法

铁芯柱的截面一般制成阶梯形，以充分利用绕组内圆空间，如图 3-3 所示。容量较大的变压器，铁芯中常设有油道，以改善铁芯内部的散热条件。

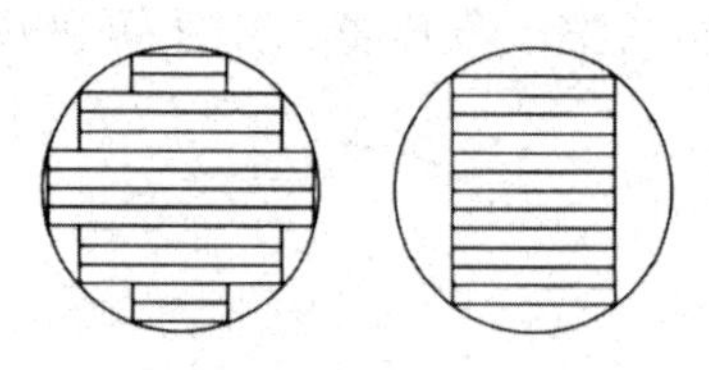

图 3-3　铁芯柱截面

2. 绕组

绕组是变压器的电路部分，一般用绝缘材料涂裹的扁铜（或铝）线或圆铜（或铝）线绕制而成。变压器的绕组一般都绕成圆形，这种形状的绕组在外力作用下有较好的力学性能，不易变形，同时也便于绕制。

根据高压绕组与低压绕组的排放方法不同，绕组又可分为同心式与交叠式两类。

同心式绕组的高低压绕组均制成圆筒形，同心绕组套在铁芯柱的外面。一般情况下，大部分同心式绕组都将低压绕组套在里面靠近铁芯，高压绕组套在外边。另外，高低压绕组间、绕组和铁芯间都必须有一定的绝缘间隙，并用绝缘纸筒把它们隔开。同心式绕组结构简单、制造方便，适用于芯式变压器。

交叠式绕组的线圈制成圆饼状，沿铁芯柱高度依次交叠放置。由于绕组均为饼形，因此，这种绕组也称为“饼式”绕组。这种绕组机械强度好，引出线的布置和焊接方便，漏抗小，易于接成多路并联，多用于壳式变压器和电压低、电流大的电炉变压器中。

3. 变压器油

电力变压器的铁芯和绕组都须浸在变压器油中。变压器油的作用：一是变压器油有较大的介质常数，可以增强绝缘；二是铁芯和绕组因损耗而发出的热量可以通过变压器油在受热后产生的对流作用传送到油箱表面，再由油箱表面散发到环境中。

变压器油要求不含杂质，如酸、碱、硫、水分、灰尘、纤维等。如果含有少量的水分，也会使绝缘强度大大降低，同时水分将腐蚀金属，降低散热能力。

4. 油箱

电力变压器的油箱一般都制成椭圆形，以提高油箱的机械强度，且所需油量较少。为了防止潮气浸入，希望油箱内部与外界空气隔离，但是不透气是做不到的。因为当油受热后会膨胀，将油箱中的空气逐出油箱；当油冷却的时候会收缩，便又从箱外吸进含有潮气的空气，这种现象称为呼吸作用。为了减小油与空气的接触面积，以降低油的氧化速度和浸入变压器油的水分，在油箱上安装圆筒形的储油器（亦称膨胀器或油枕），通过管道与变压器的油箱接通，使油面的升降限制在储油器中。储油器油面上部的空气由通气管道与外部自由流通，在通气管道中存放有氯化钙等干燥剂，空气中的水分大部分被干燥剂吸收。储油器的底部有沉积器，以沉聚侵入变压器油中的水分和污物，须定期排除。在储油器的外侧还安装有油位表，以观察储油器中油面的高低。

在油箱顶盖上装有一排气管（亦称安全气道）用于保护变压器油箱，排气管为一长钢管，上端部装有一定厚度的玻璃板。当变压器内部发生严重事故而有大量气体形成时，油管内的压力增加，油流和气体将冲破玻璃板向外喷出，以免油箱受到强烈的压力而爆裂。

在储油器与油箱的油路通道间装有气体继电器，当变压器内部发生故障产生气体或油箱漏油而使油面下降时，可发出报警信号或自动切断变压器电源。

5. 绝缘套管

为了将变压器绕组的引出线从油箱内引出到油箱外，须用绝缘套管将带电的引线与箱体可靠地绝缘。绝缘套管同时还起固定引线的作用。

绝缘套管由外部的瓷套与中心的导电杆组成。导电杆在油箱中的一端与绕组的出线端相接，在油箱外面的一端和外线路相接。

（四）变压器的额定值

制造厂按国家标准，根据某种变压器的设计和试验数据而规定该种变压器的正常运行状态和条件，称为该种变压器的额定运行状况。表征额定运行状况的各种数值称为额定值，额定值又称为铭牌数据，一般都在铭牌上标明或写在产品说明书上。

1. 额定容量 S_N

额定容量是指变压器的额定视在功率，单位为 VA 或 kVA。三相变压器的额定容量是指三相的总容量。双绕组电力变压器的一次绕组、二次绕组的容量设计为相同数值。

2. 额定电压 U_{1N} 和 U_{2N}

一次额定电压 U_{1N} 是指电源加到变压器一次绕组的额定电压；二次额定电压 U_{2N} 是指当一次绕组加上额定电压 U_{1N} 时，二次绕组的空载电压。U_{1N} 和 U_{2N} 的单位为 V 或 kV。对三相变压器来说，两者均指线电压。

3. 额定电流 I_{1N} 和 I_{2N}

额定电流是指根据额定容量和额定电压算出的线电流值，单位为 A。

单相变压器的一次和二次的额定电流分别为：

$$I_{1N}=\frac{S_N}{U_{1N}},\quad I_{2N}=\frac{S_N}{U_{2N}} \tag{3-4}$$

三相变压器的一次和二次的额定电流分别为：

$$I_{1N}=\frac{S_N}{\sqrt{3}\,U_{1N}},\quad I_{2N}=\frac{S_N}{\sqrt{3}\,U_{2N}} \tag{3-5}$$

4. 额定频率 f_N

我国规定标准工业用电频率为 50Hz。此外，额定运行时变压器的效率、温升等数据也是额定值。铭牌上还标有变压器的型号、相数、连接组和接线图、阻抗电压、运行方式（如长期或短时远行）、冷却方式等。为便于运输，有时还标出变压器的总重、油重、器身重和外形尺寸等。

二、变压器的空载运行

空载运行是指变压器一次绕组接到额定电压、额定频率的电源上，二次绕组开路无电流时的运行状态。这是变压器运行的一种极限状态。

（一）空载时的电磁物理现象

一次绕组、二次绕组电路的各物理量和参数分别用下标“1”和“2”标注。当一次绕组接上电源 u_1 后，一次绕组中流过空载电流 i_0，i_0 在一次绕组中建立空载磁动势 $F_0 = N_1 i_0$，并建立起交变磁场。该交变磁场的磁通分为两部分：一部分沿铁芯闭合，称为主磁通 ϕ，同时交链一次绕组、二次绕组，并在一次绕组、二次绕组中感应电动势 e_1、e_2；另一部分只交链一次绕组，经一次绕组附近的空气闭合，称为一次绕组的漏磁通 $\phi_{\sigma1}$，$\phi_{\sigma1}$ 将在一次绕组中感应电动势 $e_{\sigma1}$。由于铁芯的磁导率远比铁芯外非铁磁材料的磁导率大，故总磁通中的绝大部分是主磁通，而漏磁通只占总磁通的一小部分（0.1%~0.2%）。此外，空载电流 i_0 还在一次绕组中产生电阻压降 $i_0 r_1$。这就是变压器空载运行时的电磁物理现象。

虽然主磁通和漏磁通都是由空载电流 i_0 产生的，两者的性质却不同。

1. 磁路不同，磁阻不同

主磁通 ϕ 同时交链一次绕组、二次绕组，它所行经的路径为沿着铁芯而闭合的磁路，磁阻较小。由于铁磁材料有饱和现象，所以，主磁路的磁阻不是常数，漏磁通 $\phi_{\sigma1}$ 只交链一次绕组，它所行经的路径大部分为非磁性物质，磁阻较大，磁阻基本上是常数。

2. 功能不同

主磁通在一次绕组、二次绕组中均感应电动势，当二次绕组侧接上负载时便有电功率向负载输出，故主磁通起传递功率的作用。漏磁通仅在一次绕组中感应电动势，不能传递能量，仅起电压降作用。

（二）正方向规定

为了定性和定量分析变压器运行过程，需要先设置各电磁量的正方向。变压器中各电磁量都是交流量，从原理上讲，各物理量的变化规律是一定的，不因正方向的选择不同而改变，所以，这些物理量的正方向可以任意设定。如果规定不同的正方向，列出的电磁方程式和绘制的相量图将会不同。通常按习惯方式规定正方向。

变压器一次绕组相当于连接在电网的负载，因此，按用电惯例规定正方向。电流 i_0 的正方向与产生它的电源电压 u_1 的正方向一致。i_0 产生的磁通（ϕ、$\phi_{\sigma1}$）的正方向与 i_0 的正方向符合右手螺旋定则，感应电动势 e_1 的正方向与产生它的磁通的正方向符合右手螺旋定则，这样 e_1 与 i_0 正方向一致。

变压器二次绕组相当于外接负载的电源，因此，按发电惯例规定正方向。磁通 ϕ 的正方向与 i_2 的正方向符合右手螺旋定则；感应电动势 e_2 的正方向与产生它的磁通 ϕ 的正方向符合右手螺旋定则。这样 e_2 与 i_2 正方向一致；输出电压 u_2 正方向与电流 i_2 的正方向一致。

综上所述，规定正方向的原则为：在电压产生电流和电流产生电压降的关系上，电流与电压的正方向一致，电压降与电流的正方向相同；在电流产生磁通的关系上，它们之间的正方向遵循右手螺旋定则；在交变磁通产生感应电动势的关系上，电动势的正方向与产生该磁通的电流的正方向一致。

（三）空载时的电磁关系

1. 电动势与磁通的关系

假定主磁通按正弦规律变化：

$$\phi = \phi_m \sin\omega t \tag{3-6}$$

式中，ϕ_m 是主磁通的最大值。

根据法拉第电磁感应定律，主磁通在变压器一次绕组、二次绕组中产生的随时间交变的感应电动势为：

$$e_1 = -N_1 \frac{\mathrm{d}\phi}{\mathrm{d}t} = -N_1 \frac{\mathrm{d}(\phi_m \sin\omega t)}{\mathrm{d}t} = -\omega N_1 \phi_m \cos\omega t = E_{1m}\sin\left(\omega t - \frac{\pi}{2}\right) \tag{3-7}$$

$$e_2 = -N_2 \frac{\mathrm{d}\phi}{\mathrm{d}t} = -N_2 \frac{\mathrm{d}(\phi_m \sin\omega t)}{\mathrm{d}t} = -\omega N_2 \phi_m \cos\omega t = E_{2m}\sin\left(\omega t - \frac{\pi}{2}\right) \tag{3-8}$$

式中，N_1、N_2 分别是一次绕组、二次绕组的匝数，E_{1m} 、E_{2m} 是一次绕组 e_1 和二次绕组 e_2 的最大值。

由式（3-7）和式（3-8）可以看出，由正弦交变磁通在变压器一次绕组、二次绕组中产生的感应电动势也是按正弦规律变化的，其电动势幅值分别为 $E_{1m} = \omega N_1 \phi_m$ 和 $E_{2m} = \omega N_2 \phi_m$ ，但电动势的相位滞后于主磁通 90°。如果将式（3-7）和式（3-8）写成相量形式，则为：

$$\begin{aligned} \dot{E}_1 &= -j\frac{\omega N_1}{\sqrt{2}}\dot{\phi}_m = -j\frac{2\pi f N_1}{\sqrt{2}}\dot{\phi}_m = -j4.44 f N_1 \dot{\phi}_m \\ \dot{E}_2 &= -j\frac{\omega N_2}{\sqrt{2}}\dot{\phi}_m = -j\frac{2\pi f N_2}{\sqrt{2}}\dot{\phi}_m = -j4.44 f N_2 \dot{\phi}_m \end{aligned} \tag{3-9}$$

电动势的有效值为：

$$\left.\begin{aligned} E_1 &= 4.44 f N_1 \phi_m \\ E_2 &= 4.44 f N_2 \phi_m \end{aligned}\right\} \tag{3-10}$$

式中，f 是交流电源频率。

式（3-10）表明，一次绕组、二次绕组中感应电动势的有效值与主磁通的幅值、线圈匝数和磁通的交变频率成正比。当变压器接到额定频率的电网上运行时，由于f和N_1、N_2均为常值，故电动势E_1、E_2的大小仅取决于磁通ϕ。

当一次电流i_0交变时，一次绕组中的漏磁通$\phi_{\sigma 1}$也随着变化，于是在一次绕组中也产生漏感电动势$e_{\sigma 1}$，其表达式为：

$$e_{\sigma 1} = -N_1 \frac{\mathrm{d}\phi_{\sigma 1}}{\mathrm{d}t} = -N_1 \frac{\mathrm{d}(\phi_{\sigma 1m}\sin\omega t)}{\mathrm{d}t}$$

$$= -\omega N_1 \phi_{\sigma 1m}\cos\omega t = E_{\sigma 1m}\sin\left(\omega t - \frac{\pi}{2}\right) \tag{3-11}$$

式（3-11）的相量形式为：

$$\dot{\boldsymbol{E}}_{\sigma 1} = -\mathrm{j}\frac{\omega N_1}{\sqrt{2}}\dot{\phi}_{\sigma 1} = -\mathrm{j}\frac{2\pi f N_1}{\sqrt{2}}\dot{\phi}_{\sigma 1} = -\mathrm{j}4.44fN_1\dot{\phi}_{\sigma 1} \tag{3-12}$$

2. 空载运行电动势平衡方程式

变压器空载时，除了感应电动势外，空载电流i_0在一次绕组中也要产生电阻压降i_0r_1。根据基尔霍夫电压定律，空载时一次绕组的电动势平衡方程式用相量表示为：

$$\dot{U}_1 = -\dot{E}_1 - \dot{E}_{\sigma 1} + \dot{I}_0 r_1 \tag{3-13}$$

将漏感电动势写成压降的形式为：

$$\dot{E}_{\sigma 1} = -j\omega L_{\sigma 1}\dot{I}_0 = -jx_{\sigma 1}\dot{I}_0 \tag{3-14}$$

式中，$L_{a1} = N_1\phi_{\sigma 1m}/\sqrt{2}I_0$是一次绕组的漏电感，$x_{\sigma 1} = \omega L_{\sigma 1}$是一次绕组的漏电抗。将式（3-13）代入式（3-14），可得：

$$\dot{U}_1 = -\dot{E}_1 + \dot{I}_0 r_1 + j\dot{I}_0 x_{\sigma 1} = -\dot{E}_1 + \dot{I}_0 Z_1 \tag{3-15}$$

式中，$Z_1 = r_1 + jx_{\sigma 1}$是一次绕组的漏阻抗。

对于电力变压器，空载时一次绕组的漏阻抗压降I_0Z_1很小，其数值不超过U_1的0.2%，可将I_0Z_1忽略，则式（3-15）变为：

$$\dot{U}_1 \approx -\dot{E}_1 \approx j4.44fN_1\dot{\phi}_m \tag{3-16}$$

式（3-16）表明，当f和N_1确定时，主磁通ϕ_m大小主要取决于外加端电压u_1大小，而与磁路性质和尺寸无关。

空载时，由于二次绕组中的电流为零，无电阻压降，因此，二次绕组的空载电压等于感应电动势，即$\dot{U}_{20} = \dot{E}_2$。

3. 电压比

在变压器中，一次绕组侧电动势E_1和二次侧电动势E_2之比称为变压器的电压比，用

k 表示，即：

$$k=\frac{E_1}{E_2}=\frac{\sqrt{2}fN_1\phi_m}{\sqrt{2}fN_2\phi_m}=\frac{N_1}{N_2} \tag{3-17}$$

上式表明，变压器的变比等于一次绕组、二次绕组的匝数比。当变压器空载运行时，由于 $U_1\approx E_1$，$U_2\approx E_2$，则：

$$k=\frac{E_1}{E_2}\approx\frac{U_1}{U_2} \tag{3-18}$$

对于三相变压器，变比 k 是指一次绕组、二次绕组的相电势（或相电压）之比，$k>1$ 为降压变压器，$k<1$ 为升压变压器。

（四）励磁电流

空载时，变压器铁芯上仅有一次绕组电流 i_0 所形成的励磁磁动势，所以，空载电流就是励磁电流 i_m，即 $i_0=i_m$。i_0 可以分成两部分：一部分为 i_μ，称为磁化电流，用以建立磁通，是空载电流的无功分量；另一部分为 i_{Fe}，称为铁耗电流，对应于铁耗（磁滞损耗和涡流损耗），是空载电流的有功分量。

变压器空载运行时，如果变压器外加电压为正弦波形时，主磁通波形基本上也是正弦的，建立该主磁通电流的幅值及波形取决于铁芯的磁化性能及饱和程度，分为以下两种情况。

（1）一是外加电压低，磁路不饱和且不计铁耗，则空载电流 i_0 全部为励磁电流 i_μ，且 i_μ 与 ϕ 呈线性关系，利用线性磁化曲线求解磁通对应的励磁电流。此时，ϕ 按正弦变化，i_μ 波形也为正弦波形，且 i_μ 与 ϕ 同相。

（2）二是当磁路饱和时，仍不计铁耗影响，则 i_μ 与 ϕ 的关系呈非线性关系，i_μ 比 ϕ 增加速度快。利用饱和磁化曲线求解磁通对应的励磁电流。当 ϕ 按正弦变化时，由于铁芯饱和关系，i_μ 的波形将呈尖顶状，铁芯饱和程度越高，尖顶的程度越严重。根据谐波分析方法，电流尖顶波可分解为基波和奇次谐波的组合，所有谐波中三次谐波分量最大。由于铁磁材料磁化曲线的非线性关系，要在变压器中建立正弦波磁通，励磁电流必须包含三次谐波分量，即在磁路饱和时，只有尖顶波的磁化电流才能激发正弦波的主磁通。由于不计铁耗，i_μ 和 ϕ 仍然同相，同时过零点并同时达最大值。

三、变压器的负载运行

磁通相对应的电抗，是用来表征变压器铁芯磁化性能的一个重要参数。

（一）负载时的电磁物理现象

变压器的负载运行是指一次绕组接交流电源，二次绕组接负载时的运行方式。空载时，二次绕组电流及其磁动势为零，对一次绕组电路毫无影响，一次电流为空载电流 $\dot{I}_0$。负载运行时，二次绕组有二次电流 $\dot{I}_2$ 的存在，建立起二次磁动势 $\dot{I}_2N_2$，该磁动势也作用在主磁路上，使主磁通变化，改变了变压器原来的磁动势平衡状态，使得电动势也随之改变。电动势的改变又破坏了已建立的电压平衡，迫使一次电流随之改变，即 $\dot{I}_2$ 的出现使一次绕组电流由 $\dot{I}_0$ 增加为负载电流 $\dot{I}_1$，一次绕组的磁动势也变为 $\dot{I}_1N_1$。一次绕组和二次绕组的合成磁动势产生负载时的主磁通 $\dot{\phi}_m$，变压器的电磁关系也重新达到平衡。

（二）基本方程式

1. 磁动势平衡方程式

变压器负载运行时，一次绕组电流 $\dot{I}_1$ 和二次绕组电流 $\dot{I}_2$ 在铁芯磁路上分别施加磁动势 $\dot{I}_1N_1$ 和 $\dot{I}_2N_2$，若两个磁动势规定的正方向相同，则磁路上的合成磁动势为 $\dot{I}_1N_1+\dot{I}_2N_2$。这一合成磁动势在铁芯中产生磁通 $\dot{\phi}_m$。

负载运行时，一次绕组等效电路方程为 $\dot{U}_1=\dot{I}_1Z_1-\dot{E}_1$，与空载运行时的等效电路方程相比，尽管 $\dot{I}_1$ 比 $\dot{I}_0$ 显著增加，但是因漏阻抗 Z_1 很小，电压降 $\dot{I}_1Z_1$ 还是比主磁通产生的电动势 $-\dot{E}_1$ 小很多，故在负载运行时仍可认为 $\dot{U}_1\approx-\dot{E}_1=-j4.44N_1f_1\dot{\phi}_m$。当电源电压和频率不变时，可以认为从空载到负载的状态转换过程中，主磁通 $\dot{\phi}_m$ 和磁路磁阻 R_m 基本不变，因此，产生主磁通 $\dot{\phi}_m$ 的磁动势也保持不变。负载运行时的磁动势平衡方程式可写成：

$$\dot{I}_1N_1+\dot{I}_2N_2=\dot{I}_0N_1 \tag{3-19}$$

将上述关系式写成：

$$\dot{I}_1N_1=\dot{I}_0N_1-\dot{I}_2N_2 \tag{3-20}$$

上式说明，变压器负载运行时的一次绕组磁动势 $\dot{I}_1N_1$ 有两个分量：一个分量用来建立主磁通 $\dot{\phi}_m$ 的空载磁动势 $\dot{I}_0N_1$；另一个分量 $-\dot{I}_2N_2$ 用来抵消二次绕组磁动势 $\dot{I}_2N_2$ 对主磁通的影响，这一分量把变压器的一次侧的电功率传送给变压器的二次侧上。上式也说明了变压器负载运行时，一次绕组、二次绕组电流通过电磁感应作用紧密地联系在一起，二次绕组电流的增加或减小，必然引起一次绕组电流的增加或减小；相应地，二次绕组输出功率的增大或减小，也将使一次绕组从电网吸收的功率同时增大或减小。

一次绕组、二次绕组电流还在各自的绕组中产生漏磁通、感应漏磁电动势。因漏磁通磁路主要经过空气，不产生损耗，故通常将漏磁电动势写成漏抗压降的形式，即：

$$-\dot{E}_{\sigma1}=jx_1\dot{I}_1 \tag{3-21}$$

$$-\dot{E}_{\sigma2}=jx_2\dot{I}_2 \tag{3-22}$$

式中，$\dot{E}_{\sigma1}$、x_1 是一次绕组的漏磁电动势和漏抗，$\dot{E}_{\sigma2}$、x_2 是二次绕组的漏磁电动势和漏抗。一次绕组、二次绕组电流还在各自绕组中产生电阻压降 $\dot{I}_1r_1$ 及 $\dot{I}_2r_2$。

2. 负载运行电动势平衡方程式

通过前面的分析，规定各物理量的正方向，根据基尔霍夫电压定律，写出变压器负载运行时一次绕组和二次绕组的电动势平衡方程式为：

$$\dot{U}_1=-\dot{E}_1-\dot{E}_{\sigma1}+\dot{I}_1r_1=-\dot{E}_1+\dot{I}_1r_1+j\dot{I}_1x_{\sigma1}=-\dot{E}_1+\dot{I}_1Z_1 \tag{3-23}$$

$$\dot{U}_2=\dot{E}_2+\dot{E}_{\sigma2}-\dot{I}_2r_2=\dot{E}_2-\dot{I}_2r_2-j\dot{I}_2x_{\sigma2}=\dot{E}_2-\dot{I}_2Z_2 \tag{3-24}$$

式中，$Z_1=r_1+jx_{\sigma1}$ 是一次绕组的漏抗，$Z_2=r_2+jx_{2\sigma}$ 是二次绕组的漏抗。

由于 Z_1、Z_2 很小，若略去 $\dot{I}_1Z_1$、$\dot{I}_2Z_2$，则为：

$$\dot{U}_1\approx-\dot{E}_1 \qquad \dot{U}_2\approx\dot{E}_2 \tag{3-25}$$

变压器负载运行时为：

$$\frac{U_1}{U_2}\approx\frac{E_1}{E_2}=\frac{N_1}{N_2}=k \tag{3-26}$$

上式表明，变压器负载运行时一次绕组和二次绕组的电压比等于一次绕组、二次绕组的匝数比。

(三) 折算

由前面分析可知，变压器负载运行时的基本方程式可归纳为：

$$\left.\begin{aligned}&\dot{U}_1=-\dot{E}_1+\dot{I}_1Z_1\\&\dot{U}_2=\dot{E}_2-\dot{I}_2Z_2\\&\dot{I}_1N_1+\dot{I}_2N_2=\dot{I}_0N_1\\&\dot{E}_1=-\dot{I}_0Z_m\\&\dot{E}_1=k\dot{E}_2\\&\dot{U}_2=\dot{I}_2Z_L\end{aligned}\right. \tag{3-27}$$

利用上述基本方程式可以对变压器运行状态进行计算。由于一次绕组、二次绕组匝数不等（$N_1 \neq N_2$），且是求解复数的联立方程组，实际运算相当复杂困难。为此，引入一种新的方法——折算法。

折算法是指变压器在进行定量计算时，设法将一次绕组、二次绕组折算成相同的匝数，即 $k=1$，这样主磁通在一次绕组、二次绕组中的感应电动势 $\dot{E}_1=\dot{E}_2$，使计算大为简化。折算法是研究变压器的一种计算方法，它不改变变压器内部的电磁关系，折算前后变压器的磁动势、功率、损耗等均保持不变。通常把二次绕组参数折算到一次绕组侧，即用一个匝数为 N_1 且和二次绕组具有同样磁动势的新绕组去代替原来的绕组。由于二次绕组对一次绕组的影响是通过磁动势起作用的，因此，只要保持二次绕组磁动势不变，新的变压器与原变压器等效。

为了区别二次绕组折算前后的各个量，把折算后的二次绕组各参数值叫作折算值或归算值，在原来二次绕组参数值的符号右上方用“′”表示。下面将介绍二次绕组折算值的具体求法。

1. 二次电流的折算

根据折算前后二次绕组磁动势不变的原则，即：

$$\dot{I}'_2 N_1 = \dot{I}_2 N_2 \tag{3-28}$$

由此可得折算后的二次电流：

$$\dot{I}'_2 = \frac{\dot{I}_2}{k} \tag{3-29}$$

可见二次电流的折算值等于实际值除以变压器变比。

2. 二次绕组电动势、电压的折算

因为折算前后主磁场和漏磁场都没有发生变化，根据电势与绕组匝数成正比的关系可得：

$$\frac{\dot{E}'_2}{\dot{E}_2} = \frac{N_1}{N_2} \tag{3-30}$$

由此可得：

$$\dot{E}'_2 = k\dot{E}_2 \tag{3-31}$$

因为折算前后 2 次绕组输出的视在功率保持不变，即：

$$\dot{U}'_2 \dot{I}'_2 = \dot{U}_2 \dot{I}_2 \tag{3-32}$$

由此可得：

$$\dot{U}'_2 = k\dot{U}_2 \tag{3-33}$$

可见电压、电势的折算值等于实际值乘以变压器变比。

3. 二次绕组漏阻抗、负载阻抗折算

根据折算前后二次绕组有功损耗和无功损耗不变原则，可得：

$$\dot{I}_2'^2 r'_2 = \dot{I}_2^2 r_2, \quad \dot{x}_2'^2 r'_2 = \dot{x}_2^2 r_2 \tag{3-34}$$

由此可得：

$$r'_2 = k^2 r_2, \ x'_2 = k^2 x_2 \tag{3-35}$$

因而 $Z'_2 = k^2 Z_2$，同理可得负载阻抗 $Z'_L = k^2 Z_L$。

可见阻抗的折算值等于实际值乘以变压器变比的平方。

第二节 三相异步电动机

一、三相异步电动机的基本结构

异步电动机结构简单、运行可靠、效率高、制造容易、成本低，但其不易平滑调速，调速范围较窄且降低了电网功率因数（对电网而言是感性负载）。

这里以鼠笼式三相异步电动机为例。它主要由定子和转子两大部分组成，定、转子之间是空气隙。此外，还有端盖、轴承、机座、风扇等部件。

（一）异步电动机的定子

异步电动机的定子由定子铁芯、定子绕组和机座三部分组成。

1. 定子铁芯

定子铁芯是电动机磁路的一部分，装在机座里。为了降低定子铁芯的铁损耗，定子铁芯用 0.5mm 厚的硅钢片叠压而成，在硅钢片的两面还应涂上绝缘漆。

2. 定子绕组

高压的大、中型容量异步电动机定子绕组常采用 Y 连接，只有三根引出线。对中、小容量低压异步电动机，通常把定子三相绕组的六根出线头都引出来，根据需要可接成 Y 形或△形。定子绕组用绝缘的铜（铝）导线绕成，嵌在定子槽内，绕组与槽壁间用绝缘隔开。

3. 机座

机座的作用主要是固定与支撑定子铁芯。如果是端盖轴承电机，还要支撑电机的转子部分。因此，机座应有足够的机械强度和刚度。对中、小型异步电动机，通常用铸铁机座；对大型电机，一般采用钢板焊接的机座，整个机座和座式轴承都固定在同一个底板上。

（二）气隙

在定、转子之间有一气隙，气隙大小对异步电动机的性能有很大影响。气隙大则磁阻大，要产生同样大小的旋转磁场就需较大的励磁电流，由于励磁电流基本上是无功电流，所以，为了降低电机的空载电流，提高功率因数，气隙应尽量小。一般气隙长度应为机械条件所容许达到的最小值，中、小型异步电动机的气隙一般为 0.2~1.5mm。

（三）异步电动机的转子

异步电动机的转子由转子铁芯、转子绕组和转轴组成。

1. 转子铁芯

转子铁芯也是电动机磁路的一部分，用 0.5mm 厚的硅钢片叠压而成。整个转子铁芯固定在转轴或转子支架上，其外表呈圆柱状。

2. 转子绕组

转子绕组分为鼠笼式和绕线式两类。

鼠笼式绕组与定子绕组大不相同，它是一个自己短路的绕组。在转子的每个槽里放上一根导体，每根导体都比铁芯长，在铁芯的两端用两个端环把所有的导条连接起来，形成一个自己短路的绕组。如果把转子铁芯拿掉则可看出，剩下来的绕组形状像松鼠笼子，因此称其为鼠笼转子。导条的材料有用铜的，也有用铝的。如果用的是铜料，就需要把事先做好的裸铜条插入转子铁芯上的槽里，再用铜端环套在伸出两端的铜条上，最后焊在一起。如果用的是铝料，就将熔化了的铝液直接浇铸在转子铁芯上的槽里，连同端环、风扇一次铸成。

绕线式转子的槽内嵌放有用绝缘导线组成的三相绕组，一般都连接成 Y 形。转子绕组的三根引线分别接到三个滑环上，用一套电刷装置引出来。这样就可以把外接电阻串联到转子绕组回路里去，以改善电动机的启动性能或调节电动机的转速。

与鼠笼式转子相比较，绕线式转子的结构稍复杂、价格稍贵，一般应用于要求启动电流小、启动转矩大的场合。

3. 转轴

转轴是由一个细长的轴颈和两个承载端构成的。轴颈连接转子和叶轮，用于旋转和转动，承载端则用来支撑整个转子和电机外壳，同时起到传递力矩的作用。机转轴的材料一般是合金钢、不锈钢等高强度材料。

机转轴的主要作用如下。

（1）支撑电机转子

机转轴是三相异步电机重要的支撑组成部分，它通过受力传递，支撑和保护电机的转子，确保其正常旋转，从而实现电机正常运转。

（2）传递力矩

三相异步电机中的机转轴还起到了传递动力和承受力矩的作用。当电机运行时，电机转子产生转矩，机转轴通过轴颈将转矩传递给叶轮，使其旋转，从而实现电机的工作。

（3）保护电机

机转轴还可以保护电机的其他部分，例如轴颈的设计可以确保转子的起伏不会太大，防止电机因震动产生故障。而机转轴的材料和外形的合理选择，也可以对电机的安全运行做出贡献。

二、三相异步电动机的电磁转矩和机械特性

电磁转矩 T（以下简称转矩）是三相异步电动机最重要的物理量之一，而机械特性是电动机的主要特性，分析电动机时往往都要用到。要讨论三相异步电动机的电磁转矩和机械特性，首先需要讨论它们的物理关系。

（一）三相异步电动机的电路分析

和变压器相比，定子绕组相当于变压器的原绕组，转子绕组（正常运行时短路）相当于副绕组。定子和转子每相绕组的匝数分别为 N_1 和 N_2。

1. 定子电路

和分析变压器原绕组一样，定子电阻压降和漏磁电动势可以忽略，得出：

$$u_1 \approx -e_1, \quad \dot{U}_1 \approx -\dot{E}_1 \tag{3-36}$$

$$E_1 = 4.44 f_1 N_1 \phi \approx U_1 \tag{3-37}$$

式中，ϕ 是每极磁通；f_1 是 e_1 的频率。因为旋转磁场和定子之间的相对转速为 n_0，故：

$$f_1 = \frac{pn_0}{60} \tag{3-38}$$

2. 转子电路

因为旋转磁场和转子间相对运动的转速为（$n_0 - n$），所以转子频率为：

$$f_2 = \frac{p(n_0 - n)}{60} = \frac{(n_0 - n)}{n_0} \frac{pn_0}{60} = sf_1 \tag{3-39}$$

转子不转时 $n=0$、$s=1$，转子电动势为：

$$E_{20} = 4.44 f_1 N_2 \phi \tag{3-40}$$

转子转动时的电动势为：

$$E_2 = 4.44 f_2 N_2 \phi = 4.44 s f_1 N_2 \phi = s E_{20} \tag{3-41}$$

转子电抗为：

$$X_2 = 2\pi f_2 L_2 = 2\pi s f_1 L_2 = s X_{20} \tag{3-42}$$

式（3-42）中，$X_{20} = 2\pi f_1 L_2$ 为转子不转时的电抗。

每相转子电流为：

$$I_2 = \frac{E_2}{\sqrt{R_2^2 + X_2^2}} = \frac{sE_{20}}{\sqrt{R_2^2 + (sX_{20})^2}} \tag{3-43}$$

转子电路的功率因数

$$\cos\varphi_2 = \frac{R_2}{\sqrt{R_2^2 + X_2^2}} = \frac{R_2}{\sqrt{R_2^2 + (sX_{20})^2}} \tag{3-44}$$

（二）转矩公式

异步电动机的转矩是由旋转磁场的每极磁通 ϕ 与转子电流 I_2 相互作用而产生的。但因转子电路是电感性的，转子电流 $\dot{I}_2$ 比转子电动势 $\dot{E}_2$ 滞后 φ_2 角；又因电磁转矩与电磁功率 P_M 成正比，和讨论有功功率一样，也要引入 $\cos\varphi_2$。于是得出：

$$T = K_T \phi I_2 \cos\varphi_2 \tag{3-45}$$

式中，K_T 是一常数，它与电动机的结构有关。

将式（3-37）、式（3-43）及式（3-44）代入式（3-45），得出转矩的另一个公式为：

$$T = k \frac{sR_2 U_1^2}{R_2^2 + (sX_{20})^2} \tag{3-46}$$

式中，k 是一常数。

由上式可见，转矩 T 还与定子每相电压 U_1 的平方成正比，所以，当电源电压变动时，对转矩的影响很大。此外，转矩 T 还受转子电阻 R_2 的影响。

三、三相异步电动机的运行特性

（一）功率关系

当三相异步电动机以转速 n 稳定运行时，从电源输入的功率为：

$$P_1 = 3U_{1p}I_{1p}\cos\varphi_1 = \sqrt{3}\,U_{1l}I_{1l}\cos\varphi_1 \tag{3-47}$$

式中，U_{1p} 和 I_{1p} 是定子绕组的相电压和相电流，U_{1l} 和 I_{1l} 是定子绕组的线电压和线电流。$\cos\varphi_1$ 是定子边的功率因数，也是异步电动机的功率因数。

电动机输出的机械功率为：

$$P_2 = T_2\Omega = \frac{2\pi}{60}T_2 n \tag{3-48}$$

式中，Ω 是转子旋转的角速度，T_2 是异步电动机的输出转矩。

P_1 和 P_2 之差是电动机总的功率损耗 $\sum p$ ，它包括铜损耗 p_{Cu} 、铁损耗 p_{Fe} 、机械损耗 p_m ，即：

$$\sum p = P_1 - P_2 = p_{Cu} + p_{Fe} + p_m \tag{3-49}$$

三相异步电动机的效率为：

$$\eta = \frac{P_1}{P_2} \times 100\% = 1 - \frac{\sum p}{P_2 + \sum p} \times 100\% \tag{3-50}$$

（二）工作特性

异步电动机的工作特性是指在电动机的定子绕组加额定频率的额定电压（ $U_1 = U_N$ 、$f_1 = f_N$ 时），电动机的转速 n 、定子电流 I_1、功率因数 $\cos\varphi_1$、电磁转矩 T 、效率等与输出功率 P_2 的关系，可以通过直接给异步电动机带负载测得工作特性，也可以利用等值电路计算而得。

1. 转速特性 $n = f_1(P_2)$

三相异步电动机空载时，转子的转速 n 接近于同步转速 n_0。随着负载的增加，转速 n 要略微降低，此时转子电动势 E_2 和转子电流 I_2 增大，以产生较大的电磁转矩来平衡负载转矩。因此，随着 P_2 的增加，转子转速 n 下降，转差率 s 增大。

2. 定子电流特性 $I_1 = f_2(P_2)$

当电动机空载时，转子电流 I_2 约等于零，定子电流 I_1 等于励磁电流 I_0。随着负载的增加，转速下降，转子电流增大，定子电流也增大。

3. 定子功率因数特性 $\cos\varphi_1 = f_3(P_2)$

三相异步电动机运行时必须从电网中吸收无功功率，它的功率因数永远小于1。空载时，定子功率因数很低，不超过0.2。当负载增大时，定子电流中的有功电流增加，使功率因数提高，接近额定负载时的 $\cos\varphi_1$ 最高。如果负载进一步增大，由于转差率 s 的增大使 φ_1 增大，$\cos\varphi_1$ 又开始减小。

4. 电磁转矩特性 $T = f_4(P_2)$

稳定运行时异步电动机的转矩方程为：

$$T = T_0 + T_2 \tag{3-51}$$

输出功率 $P_2 = T_2\Omega$，所以：

$$T = T_0 + \frac{P_2}{\Omega} \tag{3-52}$$

当电动机空载时，电磁转矩 $T = T_0$。随着负载增加、P_2 增大，由于机械角速度 Ω 变化不大，电磁转矩 T 随 P_2 的变化近似是一条直线。

5. 效率特性 $\eta = f_5(P_2)$

根据 $\eta = \frac{P_2}{P_1} = 1 - \frac{\sum p}{P_2 + \sum p}$ 知道，电动机空载时，$P_2=0$、$\eta=0$，随着输出功率 P_2 的增加，效率 η 也在增大。在正常运行范围内因主磁通变化很小，所以，铁损耗变化不大，机械损耗变化也很小，合起来称为不变损耗。转子铜损耗与电流平方成正比，变化很大，称为可变损耗。当不变损耗等于可变损耗时，电动机的效率达到最大。对中、小型异步电动机，大约 $P_2 = 0.75P_N$ 时，效率最高。如果负载继续增大，效率反而要降低。一般来说，电动机的容量越大，效率越高。

第三节　单相异步电动机与直流电动机

一、单相异步电动机

单相异步电动机仅需单相电源即可工作，在快速发展的家电中有非常广泛的应用，如电风扇、吸尘器、电冰箱、空调器以及厨房中使用的碎肉机等。

单相异步电动机共有两个绕组——主绕组和辅助绕组。主绕组能够产生脉振磁场，但不能产生启动转矩；辅助绕组与主绕组一起使用时共同产生启动转矩。启动完毕之后，主绕组继续工作，而辅助绕组通过离心开关断开电源，故主绕组又叫工作绕组，辅助绕组又叫启动绕组。两个绕组均装在定子上，并相差 90°。

单相异步电动机的转子呈鼠笼形。

（一）工作原理

先来分析单相异步电动机只有一个绕组（工作绕组）时的磁动势和电磁转矩。工作绕组接入单相电源，产生的是脉振磁动势。据绕组磁动势理论可知，一个正弦分布的脉振磁动势可以分解成两个幅值相等、转速相同（均为同步转速 n_0）、转向相反的旋转磁动势。这两个旋转磁动势分别产生正转磁场 ϕ_+ 和反转磁场 ϕ_-，这两个相反的磁场作用于静止的转子，产生两个大小相等、方向相反的电磁转矩 T_+ 和 T_-，作用于转子上的合成转矩为 0。也就是说，一个绕组的单相异步电动机没有启动转矩。

只有一个绕组的单相异步电动机虽然没有启动转矩，但电机转子一旦借外力旋转起来以后，两个旋转方向相反的旋转磁场就有了不同的转差率。同样，设转子的逆时针方向为正方向，那么转子对正向磁场的转差率为：

$$s_+ = \frac{n_1 - n}{n_1} = s \tag{3-53}$$

对反向旋转磁场而言，电动机转差率为：

$$s_- = \frac{n_1 - (-n)}{n_1} = 2 - \frac{n_1 - n}{n_1} = 2 - s \tag{3-54}$$

正向电磁转矩 T_+ 和反向电磁转矩 T_- 与转差率的关系如下：

当 $0<s_+<1$ 时，T_+ 为驱动电磁转矩，T_+ 为制动电磁转矩，而且 $T_+>|T_-|$；当 $0<s_-<1$ 时，T_+ 为制动电磁转矩，T_- 为驱动电磁转矩，而且 $|T_-|>|T_+|$；当 $s=1$ 时，T_+ 与 T_- 大小相等、方向相反，合成转矩为 0，所以，合成转矩曲线 $T=f(s)$ 对称于原点。

当转子静止时，$s=1$，合成转矩为 0，故没有启动转矩；当转子受外力而正转时，$0<s_-<1$，$T_+<|T_-|$，合成转矩为正，故外力消失后，电机仍能以正方向旋转，升速到合成电磁转矩与负载制动转矩平衡时，电机以稳定转速正方向旋转；同样，当电机受到外力而反转时，$0<s_-<1$，$T_+<|T_-|$，合成转矩为负，故外力消失后电机仍能以反方向旋转，升速到合成电磁转矩与负载制动转矩平衡时，电机以稳定速度反方向旋转。单相异步电动机只有一个绕组接单相电源时，建立起来的脉振磁动势无法产生启动转矩。当有外力带动转动时，脉振磁动势变为椭圆形旋转磁动势，合成电磁转矩不再为 0，电机转子继续沿原方向加速，椭圆形旋转磁动势会逐步接近圆形旋转磁动势，电动机加速到接近同步转速。

总之，没有任何启动措施的单相异步电动机没有启动转矩，但一旦启动，就会继续转动而不会停止，而且其旋转方向是随意的，会跟随着外力的方向而变化。

（二）单相异步电动机的启动方法

单相异步电动机一个绕组接上单相电源后产生的是一个脉振磁动势，在转子静止时，这个脉振磁动势由两个大小相等、方向相反的正转磁动势和反转磁动势合成。正转磁动势产生的正转电磁转矩与反转磁动势产生的反转电磁转矩也是大小相等、方向相反的，其合成电磁转矩为0，故电机无法启动。但若加强正转磁动势，同时削弱反转磁动势，那么脉振磁动势变为椭圆形旋转磁动势，如果参数适当，甚至可以变为圆形旋转磁动势，那么就会产生启动力矩并正常运行。据此，要使单相异步电动机产生启动力矩，一个简单而有效的方法就是增加一个启动绕组，启动绕组接上单相电源后能建立一个脉振磁动势，且与原来脉振磁动势位置不同，相位也不同，与工作绕组共同建立椭圆形旋转磁场，从而产生启动转矩。单相异步电动机启动方法常有三种。

1. 电阻分相启动

单相异步电动机除工作绕组外，还装有启动绕组，启动绕组与工作绕组在空间上相差90°，并在启动绕组中串入电阻 R ，然后与工作绕组共同接到同一单相电源上。辅助绕组串入电阻 R 后，启动绕组中电流 $\dot{I}_2$ 滞后电压 $\dot{U}_1$ 的相位角小于工作绕组中电流 $\dot{I}_1$ 滞后电压 $\dot{U}_1$ 的相位角，即启动绕组中的电流 $\dot{I}_2$ 超前于工作绕组中的电流 $\dot{I}_1$，两个电流有相位差，形成椭圆形磁场，从而产生启动转矩。

工作绕组与辅助绕组的阻抗都是电感性的，两个绕组的电流虽有相位差，但相位差并不大。所以，在电动机气隙内产生的旋转磁场椭圆度大，因而能产生的启动转矩较小，启动电流较大。

单相异步电动机的辅助绕组也可不串联电阻 R ，只须用较细的导线绕制辅助绕组，同时将匝数做得比工作绕组少些，以增加其电阻，减少其电抗，即可达到串联电阻的效果。

另外，在单相异步电动机启动后，为了保护启动绕组并减少损耗，常在启动绕组中串联离心开关S。当电机转子达到大约75%额定转速时，离心开关将自动断开，将启动绕组切除电源，让工作绕组单独运行。因此，启动绕组可以按短期工作设计。

如果需要改变电阻分相式电动机的转向，只要把工作绕组与启动绕组相并联的引出线对调即可实现。

2. 电容分相启动

单相异步电动机电容分相启动，是在启动绕组中串联电容 C ，然后与主绕组（工作绕组）共同接到同一单相电源上。工作绕组的阻抗是电感性的，其电流 $\dot{I}_1$ 落后于电源电压 $\dot{U}_1$ 相角 φ_1，而串接了电容的启动绕组的阻抗是容抗性的，其电流 $\dot{I}_2$ 超前于电源电压 $\dot{U}_1$ 相角 φ_2。如果电容的参数选取合适，可以使启动绕组的电流 $\dot{I}_2$ 超前于工作绕组的电流 $\dot{I}_1 90°$，那么在单相异步电动机气隙内建立起椭圆度较小（近似于圆形）的旋转磁场，从而可获得启动电流较小、启动转矩较大的比较好的启动性能。

如果启动绕组是按短期工作设计，启动电容也是按短期工作选取，那么可在转子轴上安装离心开关 S。当转速达到额定转速的 75%时，离心开关在离心力的作用下自动断开，从而切断启动绕组的电源，只让工作绕组单独运行，这种电动机称为电容启动电机。

如果启动绕组是按长期工作设计，启动电容也是按长期工作选取，那么启动绕组不仅在单相异步电动机启动时工作，而且还与工作绕组一起长期工作，这种电动机称为电容电动机。实际上，电容电动机就是一台两相电动机，它改善了功率因数，提高了电动机的过载能力。如果所串联的电容使启动绕组的电流 $\dot{I}_2$ 超前于主绕组（工作绕组）的电流 90°，那么建立的旋转磁场是圆形或接近圆形，运行性能较好但启动性能较差；如果加大电容，启动转矩较大，启动性能较好，但正常运行后，旋转磁场的椭圆度较大。若既想得到较好的启动性能，又想在正常工作时形成近似圆形的旋转磁场，可以把与启动绕组串联的电容采用两个电容并联的方式。启动时，两个电容 C 和 C_{st} 并联使用，启动转矩 T_{st2} 较大，当转速达到额定转速的 75%时，离心开关把正常时多余的电容 C_{st} 切除，使电机建立的磁场近似于圆形旋转磁场，这样既可获得较好的启动性能，同时也获得较好的运行性能。

与电阻分相一样，若要改变电机的转向，只须把启动绕组与主绕组并联的引出线对调即可实现。

3. *罩极启动*

罩极启动电动机的定子铁芯通常做成凸极式，也是由矽钢片或硅钢片叠压而成。每个极上装有主绕组，即工作绕组，每个磁极极靴的一边开一个小槽，用短路铜环 K 把部分极靴罩起来，短路铜环 K 相当于启动绕组。

当主绕组接入单相交流电电源时，产生的磁通可分为两部分：一部分 $\dot{\phi}_0$ 不穿过短路铜环 K；另一部分 $\dot{\phi}_1$ 穿过短路铜环 K，则在短路铜环中感应产生 $\dot{E}_K$ 和 $\dot{I}_K$，$\dot{I}_K$ 也产生一个磁通 $\dot{\phi}_K$。因此，穿过短路铜环 K 的总磁通应是主绕组产生的通过短路铜环的磁通 $\dot{\phi}_1$ 与 $\dot{I}_K$ 产生的磁通 $\dot{\phi}_K$ 所合成，即穿过短路铜环 K 的总磁通 $\dot{\phi}_2 = \dot{\phi}_1 + \dot{\phi}_K$。

由上面的分析可知，电动机气隙中未罩部分的磁通 $\dot{\phi}_0$ 与罩住部分的磁通 $\dot{\phi}_2$ 在空间上处于不同位置，在时间上又有一定的相位差，因此，其合成的磁场是一个沿着一方向推移的磁场。由于 $\dot{\phi}_0$ 超前于 $\dot{\phi}_2$，故合成磁场从 $\dot{\phi}_0$ 推向 $\dot{\phi}_2$。该磁场实质是一种椭圆度很大的旋转磁场，电动机可产生一定的启动转矩，但启动转矩很小。

二、直流电机

（一）直流电机的基本结构和额定值

1. 直流电机的基本结构

要实现机电能量转换，电路和磁场之间必须有相对运动。因此，直流电机必须由定子（静止部分）和转子（转动部分）两大部分组成。定子的主要作用是产生磁场和作为电机的机械支撑。转子通常也称为电枢，主要用来产生感应电动势和电磁转矩而实现能量转换。

下面对各主要部件的结构及其作用简要介绍如下。

（1）直流电机的静止部分

①主磁极。主磁极的作用是产生按一定规律分布的气隙磁场，主磁极由主磁极铁芯和励磁绕组组成。

为降低涡流损耗，主磁极铁芯一般用厚 0.5～1.5mm 的薄钢板冲成一定形状，然后将冲片叠压在一起，并用铆钉紧固成一个整体固定在机座上。绝大部分直流电机的主磁极不是永久磁铁，而是由极身放置的励磁绕组通以直流电流来建立磁场。主磁极铁芯靠近电枢一端的扩大部分称为极掌，极掌与电枢表面形成的气隙不均匀，在两侧极尖处扩大。主磁极励磁绕组通常用圆形截面或矩形截面的绝缘导线绕制而成，通常将各主磁极上的励磁线圈串联起来。由于 N 极和 S 极只能成对出现，因此，主磁极的极数一定是偶数，而且沿机座内圆按 N、S 以异极性排列。

②换向极。换向极的作用是消除在电机运行过程中换向器上产生的火花，以改善换向。换向极结构与主磁极结构相似，也由铁芯和绕组构成。铁芯由薄钢板或整块钢制成，换向极绕组与电枢绕组串联。换向极装在两相邻主磁极之间，换向极的数目一般与主磁极的极数相等，在功率很小的直流电机中，也有安装的换向极数只为主磁极数的一半或不装换向极。

③机座。机座的主体部分作为磁极的磁路，即磁轭。机座同时又用来固定主磁极、换向极和端盖，并可借底脚把电机固定在机座上。机座一般用铸钢铸成或用厚钢板焊接成圆筒形，也有的为了节省安装空间及维护方便而制成多角形。

④电刷装置。电刷装置的作用是把转动的电枢与外电路相连，使电流经电刷输入电枢或从电枢输出，并与换向器配合获得直流电压和直流电流。

电刷放置在电刷握中，由弹簧机构把它压在换向器表面上。刷握固定于刷杆上，铜丝辫把电流从电刷通到外电路或由外电路引入电刷。电刷的组数（一组电刷可能是一个电刷或多个电刷）等于主磁极的数目。

（2）直流电机的转动部分

①电枢铁芯。电枢铁芯是电机磁路的一部分。为减少涡流损耗，电枢铁芯一般由0.35~0.5mm厚的冲有齿和槽的硅钢片叠压而成。对于容量较大的电机，为加强冷却，把电枢铁芯沿轴向分成数段，段间留有间隙作为通风道。当电枢旋转时带动风扇，使空气吹入通风道内冷却铁芯及绕组。在电枢铁芯的槽内安放电枢绕组，该绕组起着固定电枢绕组的作用。

②电枢绕组。电枢绕组的作用是产生电磁转矩和感应电动势，使电机实现机电能量转换。电枢绕组由许多匝绝缘导线绕制的线圈组成，各线圈以一定规律焊接到换向器上连接成一整体。槽内绕组分两层，上下层之间必须采用层间绝缘，绕组与铁芯槽壁之间必须采用槽绝缘。为防止电枢转动时线圈受离心力而甩出，一般用槽楔将绕组导体固定在槽内，线圈伸出槽外的端接部分用热固性无纬玻璃带进行绑扎固定。

③换向器。在直流电动机中，换向器的作用是与电刷配合，把外加直流电流转换为电枢绕组中的交变电流，来保证电磁转矩的方向不变。在直流发电机中，换向器的作用是与电刷配合将电枢绕组内部的交流电动势转换为电刷间的直流电动势。换向器是由许多彼此绝缘的换向片构成的圆柱体。换向片是由电解铜制成，片与片之间均垫以云母绝缘，换向器端部借助V形钢制套筒将其固定。换向片的一端有一升高部分，称为升高片，电枢绕组元件的引线就焊在升高片的开口部分内。

2. 直流电机的额定值

根据国家标准，电机制造厂按电机的设计和试验数据规定每台电机正常运行状态下的条件，称为电机额定运行状况。表征电机额定运行状况的主要数据为电机的额定值，标注在电机的铭牌和产品说明上，它是正确合理使用电机的依据。

电机的额定值主要有下列四项：

（1）额定功率 P_N

额定功率（额定容量）是指电机的额定输出功率，单位为kW。对于发电机是指发电机电枢输出的电功率，其值等于额定电压与额定电流的乘积。对于电动机是指转轴上输出的机械功率，其值等于额定电压与额定电流之积再乘以额定效率。

（2）额定电压 U_N

额定电压是指电机长期安全运行时电枢所能承受的电压，单位为 V。对于发电机是指输出的额定电压。对于电动机是指输入的额定电压。

（3）额定电流 I_N

额定电流是指电机电枢加额定电压运行的、电枢绕组允许流过的最大电流值，单位为 A。

（4）额定转速 n_N

额定转速是指电机在额定电压、额定电流和额定功率情况下运行时的电机转速，单位为 r/min。

此外，还有一些额定值（如额定效率 η_N 、额定转矩 T_N 、额定温升 t_N 等）不一定标在铭牌上，但它们中某些数值可以根据铭牌数据推算出来。如果电机运行时，其各物理量（如电压、电流、转速等）均等于额定值，则称此时电机运行于额定状态。电机运行于额定状态时，可以充分可靠地发挥电机的能力。当电机运行时，其电枢电流超过额定电流，称为超载或过载运行；反之，若小于额定电流，则称为轻载或欠载运行。超载将使电机过热，降低电机的使用寿命，甚至损坏电机；轻载则浪费电机功率，降低电机效率，造成容量和设备投资的浪费。所以，应根据负载情况合理选用电机，使电机接近于额定情况运行才最经济合理。

为满足各种工业中不同运行条件对电机的要求，要合理选用电机和不断提高产品的标准化和通用化程度。电机制造厂生产的电机有很多系列，所谓系列电机，就是在应用范围、结构形式、条件水平、生产工艺等方面有共同性，功率按一定比例递增并成批生产的电机。

我国目前生产的直流电机的主要系列如下：

①Z 型为一般用途中小型直流电机，是一种基本系列，通风形式为防护式。

②ZZ 和 ZZJ 型是起重和冶金工业用的电机，一般是封闭式。

③ZF 型是一般用途的直流发电机。

④ZQ 型是电力机车牵引用直流电动机。

⑤ZA 型是矿用防爆直流电动机。

此外，还有许多种类型，可查阅电机产品目录。

（二）直流电机的电枢绕组

直流电机的电枢绕组是直流电机的主要电路，是直流电机的一个重要部件。电机必须通过电枢绕组与气隙磁场相互作用才能实现能量转换。分析电枢绕组的结构原理是了解电机运行的基础。直流电机的电枢绕组有单叠绕组、单波绕组、复叠绕组、复波绕组、混合绕组。电机对电枢绕组的要求是在能通过规定的电流和产生足够的电动势前提下，尽可能节省有色金属和绝缘材料，并且要结构简单，运行可靠等。

下面仅以单叠绕组来说明电机绕组的结构：

1. 有关技术名词

（1）元件

它是绕组的一个线圈，可以是多匝也可以是单匝。元件的两个端子连接于两个换向片上。

（2）极距

它是一个磁极在电枢圆周上所跨的距离（用槽数表示），$\tau = \dfrac{Z}{2p}$。其中：Z 为电枢转子槽数；p 为磁极对数。

（3）节距

绕组元件的宽度及元件之间的连接规律用绕组的各种节距来表示。

①第一节距 y_1：它是绕组元件的跨距，表示同一元件上层元件边与下层元件边之间的空间距离（用槽数表示）。为了使一个元件两个有效边中所产生的感应电动势大小相等或相差不多，使电动势叠加，元件的跨距应等于或约等于电机的极距。

②第二节距 y_2：它是第一元件下层元件边与第二元件上层元件边之间的空间距离（用槽数表示）。

③合成节距 y：它是直接相连的两个元件的对应边在电枢圆周上的距离（用槽数表示）。

④向节距 y_k：它是上层元件边与下层元件边所连接的两个换向片之间的距离（用换向片表示）。单叠绕组元件 $y_k = 1$；单波绕组元件 $y_k = y_1 + y_2 = y$。

实际电机中，为使元件端接部分能平整地排列，一般采用双层绕组。

2. 单叠绕组连接示例

一台直流电动机的绕组数据为极对数 $p = 2$，槽数 $Z = 16$，元件数 S 等于换向片数 K 和槽数 Z，即 $Z = S = K = 16$。

（1）计算节距

电机极距为 $\tau = \dfrac{Z}{2p} = \dfrac{16}{2 \times 2} = 4$。

元件跨距为 $y_1 = \tau = \frac{Z}{2p} = 4$，跨四个槽距为 1~5。

换向片节距 $y_k = 1$。

（2）单叠绕组展开图的步骤

后一元件的端接部分紧叠在前一元件的端接部分上，这种绕组称为叠绕组。绕组展开图是假设将电枢表面从某一齿处沿轴向剖开，把电枢表面的绕组连接展开成一个平面所得的图形，其作用是在一张平面图上清晰地表示电枢绕组的连接规律，从而了解电机电枢绕组电路的形成。其中：实线表示在槽内放置的上层元件边，虚线表示下层元件边。互相接近的一条实线和一条虚线为同一个槽内的两个元件边。换向器用一小块方格表示，每一小方格表示一个换向片。为便于分析，展开图中换向片的宽度比实际换向片的宽度要宽，从而使换向器在图中的展开宽度与电枢展开宽度相同；同时，为了方便说明问题，要将绕组元件、电枢槽和换向片进行编号。以上层元件边为参考边，上层元件边的编号与上层元件边所在的电枢槽以及与该元件边相连接的换向片三者的编号相同。

需要指出的是：在实际电机中，通常电刷的宽度为换向片宽度的 1.5~3 倍，在展开图中为了分析方便，仅画成一个换向片宽度，同时使端接部分对称的绕组，电刷放在主磁极轴线下的换向片上。

根据已确定的各个节距，画出绕组的展开图的步骤如下：

①画电枢槽。分别交替画出 16 根等长、等距的实线与虚线，代表绕组的上层元件有效边和下层元件有效边，同时一根实线和一根虚线代表一个电枢槽，依次把电枢槽编上号码，其编号的原则是自左至右编号。

②安放磁极。让每个磁极宽度约为 0.7τ（τ 为极距），4 个磁极均匀分布在各槽之上，并标上 N、S 极性。

③画换向器。用 16 个方块代表 16 个换向片。换向片编号一般是换向片号与上层元件边所嵌放的槽号相同。

④连接电枢绕组。先确定第 1 个元件，其上层边（实线）在第 1 槽，按第一节距 $y_1 = 4$，其下层边应在第 5 槽（虚线），元件的两个出线端分别连接到相邻的换向片 1 和 2 上，由于元件的几何形状对称，其端接部分也应画成左右对称，元件的出线端与上层边连接的部分用实线，与下层边连接的部分用虚线。第 2 个元件从第 2 换向片起连接到第 2 槽上层元件边，然后经过第一节距连接到第 6 槽下层元件边，再回到第 3 个换向片。按此规律，直至将 16 个元件全部连接完毕。

⑤确定每个元件边中导体感应电动势的方向。其他元件的感应电动势的方向可根据电磁感应定律的右手定则确定。磁极放在电枢绕组上面，因此，N 极下的磁力线在气隙里的

方向是进入纸面的，S 极是流出纸面的，电枢从右向左旋转，所以，在 N 极下的导体电动势是向下的，在 S 极下的导体电动势是向上的。

⑥放置电刷。在直流电机里，电刷组数与主磁极的个数相同。对于本例，则有四组电刷，它们均匀地放在换向器表面圆周的位置，每个电刷的宽度等于每个换向片的宽度。放置电刷的原则是：要求正、负电刷之间得到最大的感应电动势，如果把电刷的中心线对准主磁极的中心线，就能满足上述要求。实际运行时，电刷静止不动，电枢在旋转，但是被电刷所短路的元件总是处于两个主磁极之间，其感应电动势最小。如果电刷偏离几何中心线位置，正、负电刷之间的感应电动势会减小，被电刷所短路的元件的感应电动势不是最小，对换向不利。

（三）直流电机的电枢电动势和电磁转矩

1. 电枢绕组的感应电动势

直流电机无论做电动机运行还是做发电机运行，当电枢绕组导体切割气隙合成磁场，都产生感应电动势。电枢绕组感应电动势是指直流电机正、负电刷之间的感应电动势，也就是每条支路的感应电动势。若电刷位于几何中心线处，电枢旋转时，每条支路串联的元件均在改变。就一个元件而言，会交替出现在不同的支路，而每条支路在任何瞬间所含的元件数相等，且每条支路里的元件都是分布在同极性磁极下的不同位置上。因此，它们的电势方向相同。由于气隙磁密在一个磁极下的分布不均匀，所以，导体中感应电动势的大小是变化的。为分析推导方便，可将磁通密度看成均匀分布。取一个磁极下平均气隙磁通密度，一根导体产生的感应电动势的平均值为 e_{av} ，其表达式为

$$e_{av} = B_{av}lv \tag{3-55}$$

其中：B_{av} 为一个磁极下气隙磁通密度的平均值，称为平均气隙磁通密度，它等于每极磁通除以每极的面积 τl ；l 为电枢导体的有效长度（槽内部分）；v 为导体切割磁力线的线速度。

由于 $B_{av} = \dfrac{\phi}{\tau l}$ ，且 $v = \dfrac{2\pi Rn}{60} = \dfrac{2p\tau n}{60}(2\pi R = 2p\tau)$ ，则一根导体的平均感应电动势为

$$e_{av} = B_{av}lv = \frac{\phi}{\tau l}l\frac{2\pi Rn}{60} = \frac{2\pi Rn\phi}{60\tau} = \frac{2p\tau n\phi}{60\tau} = 2p\phi\frac{n}{60} \tag{3-56}$$

设电枢绕组的总导体数为 N ，支路数为 $2a$ ，每一条支路的串联导体数等于 $N/2a$ ，则电枢绕组的感应电动势为

$$E_a = \frac{N}{2a}2p\phi\frac{n}{60} = \frac{pN}{60a}\phi_n = C_E\phi_n \tag{3-57}$$

其中：$C_E=\frac{pN}{60a}$对已经制造好的电机是一个常数，故称为直流电机的电势常数；每极磁通ϕ为负载时的气隙磁通，单位为Wb；转速n单位为r/min；感应电动势E_a的单位为V。

由式（3-57）可以看出，一台已制成的电机的电枢电动势E_a与每极磁通ϕ和转速n的乘积成正比。

在以上分析中，假定所有绕组元件都是整距的（$y=\tau$），若为短距（$y<\tau$），则总的电枢电动势要略小些。这是由于一般直流电机中绕组元件短距的不多，其影响较小。因此，在计算电枢电动势时不考虑短距的影响。电枢电动势的方向由磁场方向和转子旋转方向决定。在直流电动机中，若电动势方向与电枢电流方向相反，为反电动势；在直流发电机中，若电动势方向与电枢电流方向相同，为电源电动势。

2. 电枢绕组的电磁转矩

无论是直流电动机还是直流发电机，当它们在运行时，电枢绕组中均有电流通过。由于载流导体在磁场中会受到电磁力的作用，因此，均可产生电磁力和电磁转矩。根据电磁力公式，作用在电枢绕组每一根导体上的平均电磁力为

$$f=B_{av}li_a \tag{3-58}$$

其中：B_{av}为一个磁极下气隙磁通密度的平均值，称为平均气隙磁通密度；l为电枢导体的有效长度（槽内部分）；i_a为电枢导体中的电流，即支路电流。

设电枢绕组的总导体数为N，作用在电枢绕组上的总电磁力为

$$f_{av}=B_{av}li_aN=B_{av}l\frac{I_a}{2a}N=\frac{B_{av}lI_aN}{2a} \tag{3-59}$$

则作用在电枢绕组上的总电磁转矩为

$$T=f_{av}R=B_{av}li_aNR=B_{av}l\frac{I_a}{2a}NR \tag{3-60}$$

其中：I_a为电枢总电流；R为电枢半径，由于电枢周长为$2\pi R=2p\tau$，则$R=\frac{p\tau}{\pi}$；考虑$\phi=B_{av}\tau l$，则有

$$T=f_{av}R=B_{av}l\frac{I_a}{2a}NR=B_{av}l\frac{I_a}{2a}N\frac{p\tau}{\pi}=\frac{pN}{2a\pi}\Phi I_a \tag{3-61}$$

令$C_T=\frac{pN}{2a\pi}$，则有

$$T=C_T\phi I_a \tag{3-62}$$

其中，$C_T = \dfrac{pN}{2a\pi}$ 对已经制造好的电机是一个常数，故称为直流电机的转矩常数。

将电势常数 $C_E = \dfrac{pN}{60a}$ 和转矩常数 $C_T = \dfrac{pN}{2a\pi}$ 相比后，可得

$$\frac{C_E}{C_T} = \frac{2\pi}{60} \tag{3-63}$$

电磁转矩方向由磁场方向和电枢电流方向决定。在直流电动机中，若电磁转矩方向与转子旋转方向相同，电磁转矩为拖动转矩；在直流发电机中，若电磁转矩方向与转子旋转方向相反，电磁转矩为制动转矩。

（四）直流电动机的工作特性

直流电动机的工作特性是指当电动机电枢电压为额定电压，电枢回路中无外加电阻，励磁电流为额定励磁电流时，电动机的转速 n 、电磁转矩 T 和效率 η 三者与电枢电流 I_a 之间的关系，即 $n = f(I_a)$ 、$T = f(I_a)$ 和 $\eta = f(I_a)$ 。

1. 并励直流电动机的工作特性

（1）转速特性 $n = f(I_a)$

当 $U = U_N$ 、$I_f = I_{fN}(\phi = \phi_N)$ 时，转速 n 与电枢电流 I_a 之间的变化关系称为转速特性。将电动势公式 $E_a = C_E\phi_n$ 代入电压平衡方程式 $U = E_a + R_aI_a$ ，可得转速特性公式为

$$n = \frac{U_N}{C_E\phi_N} - \frac{R_a}{C_E\phi_N}I_a \tag{3-64}$$

式（3-64）对于各种励磁方式的电动机均适用。由上式可见，若忽略电枢反应的影响，即 $\phi = \phi_N$ 保持不变，当负载电流增加时，电阻压降 R_aI_a 增加，将使电机转速趋于下降。然而，由于 R_a 一般很小，因此，转速下降不多。若负载较重（即 I_a 较大）时，受电枢反应去磁作用的影响，随着 I_a 增加，磁通 ϕ 减少，从而使电机转速趋于上升。

（2）转矩特性

当 $U = U_N$ 、$I_f = I_{fN}$ 时，$T = f(I_a)$ 的变化关系称为转矩特性。由转矩公式可知

$$T = C_T\phi I_a \tag{3-65}$$

从式（3-65）看出，若忽略电枢反应的影响，即 $\phi = \phi_N$ 保持不变，则电磁转矩 T 与电枢电流 I_a 成正比。若考虑电枢反应的去磁效应，随着 I_a 增大，电磁转矩 T 要略微减小。

（3）效率特性

当 $U = U_N$ 、$I_f = I_{fN}$ 时，$\eta = f(I_a)$ 的变化关系称为效率特性。效率为

$$\eta = \frac{P_2}{P_1} \times 100\% = \left(1 - \frac{\sum p}{P_1}\right) \times 100\% = \left[1 - \frac{p_{Cuf} + p_{Cua} + p_{Fe} + p_m + p_s}{U(I_a + I_f)}\right] \times 100\% \tag{3-66}$$

在总损耗中，空载损耗 P_0 为不变损耗，不随负载电流（电枢电流 I_a ）的变化而变化。铜损耗 P_{Cu} 为可变损耗，随 I_a^2 成正比变化。当电枢电流 I_a 从小开始增大时，可变损耗增加缓慢，总损耗变化小，效率明显上升；当电枢电流 I_a 增大到电动机的不变损耗等于可变损耗时，即 $P_0 = p_m + p_{Fe} + p_s = p_{Cu} = R_a I_a^2$ 时，电动机的效率 η 达到最高；当电枢电流 I_a 再进一步增大时，可变损耗在总损耗中所占的比例变大，可变损耗和总损耗都将明显上升，效率 η 又逐渐减小。另外，在额定负载时，一般中小型电机的效率为 75%～85%，大型电机的效率为 85%～94%。

2. 串励直流电动机的工作特性

励磁绕组和电枢绕组串联后由同一个直流电源供电，电路输入电流 $I = I_a = I_f$ ，主磁极的磁通随电枢电流变化。电路输入电压 $U = U_a + U_f$ ，由于励磁电流就是电枢电流，励磁电流大，励磁绕组的导线粗、匝数少，励磁绕组的电阻要比并励直流电动机的电阻小，因而其转速特性与转矩特性和并励直流电动机有明显不同。

（1）转速特性

串励直流电动机的电压平衡方程式为

$$U = E_a + R_a I_a + R_f I_a = E_a + (R_a + R_f) I_a \tag{3-67}$$

其中：R_f 为串励绕组的电阻。将电动势公式 $E_a = C_E \phi_n$ 代入式（3-67），可得

$$n = \frac{U}{C_E \phi} - \frac{(R_a + R_f) I_a}{C_E \phi} \tag{3-68}$$

当电枢电流 $I_a = I_f$ 时，磁路未饱和，磁通正比于 $I_a = I_f$ ，且 $\phi = k_f I_f = k_f I_a$ ，将其代入式（3-68），可得

$$n = \frac{U}{C_E k_f I_a} - \frac{(R_a + R_f) I_a}{C_E k_f I_a} = \frac{U}{C'_E I_a} - \frac{R'_a}{C'_E} \tag{3-69}$$

其中：$C'_E = C_E k_f$ 为常数；k_f 为磁通与励磁电流的比例系数。

由上式可知，当电枢电流不大时，串励直流电动机的转速特性具有双曲线性质，转速随着电枢电流增大而迅速降低。当电枢电流较大时，磁路饱和，磁通近似为常数，转速特性与并励直流电动机的工作特性相似，为稍稍向下倾斜的直线。且在空载或负载很小时，电机转速很高。理论上，当 I_a 接近零时，电动机转速将趋近于无穷大，实际可能达到危险的高速，即产生所谓“飞速”，这将导致电枢损坏。因此，串励直流电动机不允许在空载

或轻载下运行，不允许用皮带轮传动。

（2）转矩特性

串励直流电动机的转矩公式为

$$T = C_T\phi I_a = C_T k_f I_a{}^2 = C_T{}' I_a{}^2 \tag{3-70}$$

其中：$C'_T = C_T k_f$。对已制成的电机，当电流 I_a 很小并且磁路不饱和时，其电磁转矩 T 与电枢电流 I_a^2 正比。当重载时，电流 I_a 很大，此时磁路呈饱和状态。由于磁通变化不大，电磁转矩 T 基本上与电枢电流 I_a 成正比。

串励直流电动机与并励直流电动机的转矩特性相比有以下优点：

①对应于相同的转矩变化量，串励直流电动机电枢电流的变化量小，即负载转矩变化时，电源供给的电流可以保持相对稳定的数值。

②对应于允许的最大电枢电流，串励直流电动机可以产生较大的电磁转矩。因此，串励直流电动机具有较大的启动转矩和过载能力，适用于启动能力或过载能力较高的场合，如起重机、电气机车等。

（3）效率特性

串励直流电动机的效率特性与并励直流电动机的效率特性相同。

3. 复励直流电动机的工作特性

在主磁极上有两个励磁绕组，一个为并励绕组，一个为串励绕组。前者匝数多，电阻大；后者匝数少，电阻小。通常复励直流电动机的磁场以并励绕组产生的磁场为主，以串励绕组产生的磁场为辅，总接成积复励直流电动机，即两个励磁绕组产生的磁动势相同。这样的电动机兼有并励和串励两种电动机的优点，其转速特性介于并励电动机和串励直流电动机之间。因此，复励直流电动机既有较大的启动转矩和过载能力，又允许在空载或轻载下运行。

第四节　三相异步电动机的电气控制系统

一、常用低压控制电器

控制电路是由用电设备、控制电器和保护电器组成，用来控制用电设备工作状态的电器称为控制电器，用来保护电源和用电设备的电器称为保护电器。电器的种类繁多，分为高压电器和低压电器。高压电器专用于输变电系统；低压电器用于低压供电系统和继电器、接触器控制系统中，又分为手动电器和自动电器。刀开关、按钮等需要操作者操纵的属于手动电器；继电器、接触器、行程开关等不需要操作者操纵，而是根据指令、电信号或其他物理信号自动动作，这类电器属于自动电器。

继电器、接触器是利用电磁铁原理的自动电器，通过电磁铁的吸合释放带动触点的接通和断开，从而接通和断开电路，实现对生产设备的自动控制。

（一）刀开关

刀开关是常用的手动控制电器，一般在系统检修时起隔离电源的作用，或在系统不再带负载时切断电源，给刀开关配上熔丝（俗称保险丝）可进行短路保护，也可进行小型电动机的直接启动控制。刀开关的种类有许多，常用的是胶盖刀开关，胶盖可阻断拉闸时产生电弧。常用的刀开关有三极的和二极的，文字符号为 QS。刀开关的主要技术指标是额定电压和额定电流，选用时注意符合电路要求。如三相 380V 的电路，要选择额定电压是 380V 的三极刀开关，额定电流要大于线路电流。

为安全起见，目前已不允许用胶盖瓷底开关直接控制电动机的启停。取而代之的是应用广泛的低压断路器。在安装刀开关时，应注意电源和静止刀座连接的位置在上方，负载接在可动闸刀的下侧，这样可以保证在切断电源后闸刀不带电。

（二）熔断器

熔断器是电路中的短路保护装置。熔断器中有一条熔点很低的熔体，串联在被保护的电路中，其常用的形式有瓷插式、螺旋式、管式等。

熔断器通常由熔体和外壳两部分组成。熔体（熔丝或熔片）是由电阻率较高的易熔合金组成，如铅锡合金等，使用时将它串联在被保护的电路中。在电路正常工作时，熔体不会熔断；一旦发生短路故障，很大的短路电流通过熔断器时，熔体过热而迅速熔断使得电路断开，从而达到保护电路及电气设备的目的。熔体熔断所需要的时间与通过熔体的电流大小有关。一般来说，当通过熔体的电流等于或小于其额定电流的 1.25 倍时，可长期不熔断；超过其额定电流的倍数越大则熔断时间越短。熔体的额定电流范围在 2～600A，可供用户根据实际情况选用。

熔断器的熔断时间随着电流的增大而减小，即熔断器通过的电流越大，熔断时间越短。

熔断器的选用方法如下。

（1）白炽灯和日光灯照明电路以及电炉等电阻性负载中，熔丝额定电流应略大于线路实际电流。

（2）单台电动机的熔断器熔丝额定电流应为 1.5~2.5 倍电动机额定电流。

（3）多台电动机同时运转但不同时启动的，熔丝额定电流应为 1.5~2.5 倍功率最大的一台电动机的额定电流与其他电动机的额定电流的总和。

（三）低压断路器

低压断路器又称自动空气开关或自动开关，可用来接通和断开负载电路，也可用来控制不频繁启动的电动机。其功能相当于刀开关、过流继电器、失压继电器、热继电器及漏电保护等电器部分或全部功能的总和，是低压配电网中一种重要的保护电器。低压断路器的主触点是通过手动操作机构来闭合的。闭合后通过锁钩锁住，当电路发生短路或严重过载时，由于电流很大，电磁铁（过流脱扣器）克服反作用力弹簧的拉力吸引衔铁，锁钩被向上推而松开拉杆，主触点在恢复弹簧的作用下迅速断开，分断主电路而完成短路保护。因此，只要调整反作用力弹簧的拉力，就可以根据用电设备容量调整动作电流的大小。断路器在工作后，不必像熔断器那样更换熔体，待故障排除后，若需要重新启动电动机，只要通过操作手柄合上主触点即可。当电路中的电压严重下降时，电磁铁（欠压脱扣器）释放，锁钩向上推开，同样使主触点断开，完成保护动作。断路器内装有灭弧装置，切断电流的能力大、开断时间短、工作安全可靠。而且断路器体积小，所以，目前应用非常广泛，已经在很多场合取代了刀开关。

低压断路器主要有开启式和装置式两种结构形式。装置式断路器有绝缘塑料外壳，内装触点系统、灭弧室及脱扣器等，可手动或自动（对大容量断路器）合闸。它有较高的分断能力和稳定性，广泛应用于配电电路，常用的型号有 DZ15、DZ20、DZX19 和 C45N 等系列。

开启式低压断路器又叫框架式低压断路器。主要用于交流 50Hz、额定电压 380 V 的配电网络中作为配电干线的保护设备。常用的型号有 DW15、ME、AE、AH 等系列，其中，DW15 是我国自行研制生产的，全系列有 1000A、1500A、2500A 和 4000A 等几个型号，ME、AE、AH 等系列则是引进技术生产的产品。

（四）按钮

按钮是一种手动电器，用于接通或断开电路。

在未按下按钮帽时，上面的一对静触片接通而处于闭合状态，称为动断（常闭）触点；下面一对静触片未被动触片接通而处于断开状态，称为动合（常开）触点。当用手按下按钮帽时，动触片下移，于是动断触点先断开，动合触点闭合；松开按钮帽时，在恢复弹簧的作用下，动触片自动复位，使得动合触点先断开，动断触点后闭合。使用时可视需要只选其中的动合触点或动断触点，也可以两者同时选用。

按钮的种类很多，除上述这种复合按钮外，还有其他的形式。如有的按钮只有一组动合或动断触点；也有的是由两个或三个复合按钮组成的双串联或三串联按钮；有的按钮还装有信号灯，以显示电路的工作状态。按钮触点的接触面积都很小，额定电流通常不超过 5A。

（五）接触器

接触器是利用电磁吸引工作的自动控制电器，可用于频繁接通和断开电动机或其他电气设备的电源，并可实现远距离控制。根据电磁铁形式的不同，分为直流接触器（直流励磁）和交流接触器（交流励磁）。交流接触器主要由电磁铁和触点组两部分构成。电磁铁的铁芯由定、动铁芯两部分和线圈组成。定铁芯是固定不动的，也称静铁芯；动铁芯是可以上下移动的，也称动铁芯（衔铁）。电磁铁的线圈（吸引线圈）装在铁芯上，每个触点组包括静触点和动触点两部分，动触点与铁芯通过连杆直接连在一起。当线圈通电时产生电磁力，在电磁吸引力的作用下，动铁芯被吸合，动铁芯带动连杆使固定在连杆上的动触点一起下移，使同一触点组中的动触点和静触点有的闭合、有的断开。当线圈断电后，电磁吸引力消失，动铁芯在恢复弹簧的作用下复位，动铁芯又推动连杆使触点组也恢复到原先的状态。

按状态不同，接触器的触点分为动合触点和动断触点两种。接触器在线圈未通电的状态称为释放状态，线圈通电、铁芯吸合时的状态称为吸合状态。

按用途不同，接触器的触点又分为主触点和辅助触点两种。主触点接通面积大，能通过较大的电流；辅助触点接触面积小，只能通过较小的电流。

主触点一般为三副动合触点，串联在电源和电动机之间，用来切换供电给电动机的电路，以起到直接控制电动机启停的作用，这部分电路称为主电路。主触点断开的瞬间，触点间会产生电弧而烧坏触点，并使切断电路的时间拉长。因此，额定电流较大的交流接触器还装有灭弧装置，以加速电弧的熄灭。

辅助触点一般为四副（两副动合触点，两副动断触点），通常接在由按钮和接触器线圈组成的控制电路中，以实现某些功能，这部分电路又称为辅助电路。

在选用交流接触器时，一定要注意看清其铭牌上标示的数据。额定电压和额定电流均为主触点的额定电压和额定电流，选用时注意与用电设备相符。线圈的额定电压一般标在线圈上或线圈接线柱附近，选用时注意与控制电路的电源电压相符。另外，触点的额定电流和触点的数量一般也在铭牌上。目前常用的国产系列交流接触器有 CJ1、CJ10、CJ20、CJX、3TB、TE 等系列，线圈的额定电压有 36V、110V、127V、220V、380V 等。主触点的额定电流有 5A、10A、20A、40A、60A、100A、150A 七个等级。辅助触点的额定电流为 5A。

（六）中间继电器

中间继电器通常用来传递信号和同时控制多个电路，也可直接控制小容量电动机或其他执行元件。它与交流接触器的工作原理相同，也是利用线圈通电，吸合动铁而使触点动作，只是它的电磁系统要小些。中间继电器主要用在辅助电路中，用以补充辅助触点的不足。因此，中间继电器触点的额定电流都比较小，没有主、辅触点之分，一般不超过 5A，且触点的数量也较多。

（七）热继电器

热继电器用于保护电动机免于因长期过载而受到损坏。

电动机在实际运转时常会由于某种原因（负载过大、抱闸等）过载，过载时绕组中的电流会超过额定电流，但只要过载不严重、时间短、绕组不超过允许的温度，这种现象是允许的，电动机过载后不会使熔断器熔断。但如果过载严重或时间长了会加速电动机绝缘的老化，缩短电动机的使用年限甚至烧坏绕组。因此，要及时检测电动机的过载，如严重过载或过载时间较长时，应及时切断电源，这称为电动机的过载保护。电动机不允许长期过载运行，但又具有一定的短时过载能力，因此，当电动机过载时间不长、温度未超过允许值时，应允许电动机继续运行；但是当电动机的温度超过允许值，就应立即将电动机的电源切断。这样，既达到了保护电动机不受过热危害的目的，又可以充分发挥它的短时过载能力。

由于熔断器熔体的熔断电流大于其额定电流，在三相笼形异步电动机的控制电路中，所选熔体的额定电流会远大于电动机的额定电流。因此，熔断器通常只能做短路保护，不能做过载保护。由于断路器的过电流保护特性与电动机所需要的过载保护特性不一定匹配，所以一般也不能做电动机的过载保护。目前常用的过载保护电器是热继电器。

热继电器是利用电流的热效应工作的，其发热元件主要安装在双金属片的周围。双金属片是由两层膨胀系数相差较大的金属碾压而成，左边一层膨胀系数小，右边一层膨胀系数大。工作时，将发热元件串联在主电路中，通过它们的电流是电动机的线电流。当电机过载后，电流超过额定电流，发热元件发出较多热量，使双金属片变形而向左弯曲，推动导板，带动杠杆，向右压迫弹簧变形，使动触点和静触点分开而与螺钉接触。这就是说，动触点和静触点构成了一副动断触点，动触点和螺钉构成了一副动合触点。只要将动断触点串联在控制电动机的交流接触器的线圈电路内，那么，电动机过载后，动断触点断开使接触器的线圈断电，接触器主触点断开，电动机与电源自动切断而得到保护。若要使热继电器的动断触点重新闭合，即使触点重新复位，需要经过一段时间待双金属片冷却后才有可能。复位的方式有两种，一种是当螺钉旋入时，弹簧片的变形受到螺钉的限制而处于弹性变形状况，只要双金属片冷却，动触点便会自动复位；另一种是如果将螺钉旋出至一定位置时，使弹簧片到达自由变形状态，则双金属片冷却后，动触点不可能自动复位，而必须按下复位按钮，使动触点实现手动复位。

偏心凸轮用于对热继电器的整定电流做小范围调节。选用热继电器时，应使其整定电流与电动机的额定电流一致。

由于热惯性，双金属片的温度升高需要一定的时间，不会因为电动机过载而立即动作。这样既可发挥电动机的短时过载能力，又能保护电动机不致因过载时间过长出现过热的危险。出于同一原因，当发热元件通过较大电流甚至短路电流时，热继电器也不会立即动作。因此，它只能用作过载保护，不能用作短路保护，这就避免了电动机在启动或短时过载时引起停车。

热继电器一般有两个或三个发热元件。常用的热继电器型号有 JR20、JR5、JR15、JR16 和引进技术的 JRS 等系列。热继电器的主要技术数据是额定电流，但由于被保护对象的额定电流很多，热继电器的额定电流登记是有限的。为此，热继电器具有电流调节装置，它的调节范围是 66%～100%。例如，额定电流为 16A 的热继电器，最小可以调节整定电流为 10A。

（八）漏电保护器

当电气设备不应带电的金属部分出现对地电压时就会出现漏电现象。设备一旦漏电就有可能造成人身伤亡或者设备损坏，使生产中断，也有可能造成其他灾害事故（火灾等）。漏电保护电器一般用于 1 000V 以下的低压系统中，主要用来防止因漏电而引起的事故，同时也可用来监视或消除一相接地故障。

1. 电流动作型漏电保护器

漏电保护器的形式很多，按检测信号可分为电压动作型和电流动作型；按动作灵敏度可分为高、中、低三种；按动作时间可分为快速型、延时型和反时限型；按用途可分为配电用、电机用、电焊机用等；按保护功能分为漏电断路器（兼短路保护）、漏电开关、漏电继电器（仅发信号，不带开关）等。常用的有电流动作形漏电保护器，这种漏电保护器用在中性线接地的三相供电系统中，保护的关键部件是零序电流互感器。

所谓“零序电流”，指的是通过设备部件的漏电点经过大地而流入电源零线的电流。零序电流互感器的结构与变压器相似，其工作原理亦相当于变压器。它的一次绕组是穿过环行铁芯（火线和中性线）的单极两线、二极三相导线等，二次绕组为一个多匝线圈。正常情况下，零序电流（漏电电流）等于零，两根导线中的电流数值相等，方向（相位）相反，它们在铁芯中的磁通互相抵消，二次绕组中不会产生感应电动势。然而当用电设备漏电时，由于零序电流不为零，即两根导线中的电流不再相等，铁芯中就有磁通产生。这个磁通在二次绕组中产生的感应电动势就可以作为一种漏电信号被检出。

2. 漏电保护器的选用

漏电保护器的种类很多，从不同角度可以做不同的选择。如果用于防止人身触电事故，则可根据人体安全电流的界限，保护装置的触电动作电流选择30mA左右，动作时间必须小于1s。

（九）其他继电器

1. 电压继电器

电压继电器用于电力拖动系统的电压保护和控制，对于这类电器只有当它的线圈电压达到某一定值时，继电器才会释放。电压继电器用于失压保护和欠压保护。

电压继电器按吸合电压的大小，分为过电压继电器和欠电压继电器。过电压继电器用于电路的过电压保护，其整定值在被保护电路额定电压的105%～120%的范围内调整；欠电压继电器用于电路的欠电压保护，其释放整定值在被保护电路额定电压的40%～70%的范围内调整。零电压继电器是欠电压继电器的一种特殊形式，指电路电压下降到额定值的10%～35%的范围内调整时释放，对电路实现零电压保护，用于电路的失压保护。

2. 电流继电器

电流继电器的结构与电压继电器类似，用于电力拖动系统的电流保护。其线圈串联接入主电路，用来感测电路（一般用于主电路）中的电流。当电流继电器的线圈电流达到某一定值时，继电器吸合。电流继电器用于过载和短路保护，也用于直流电动机的失磁保护。

电流继电器分为过电流继电器和欠电流继电器两种。

过电流继电器在电路正常时不动作，它的额定电流一般可按电动机长期工作的额定电流来选择。整定值范围一般情况下在额定电流的170%~200%的范围内调整，对于频繁启动场合可在225%~250%的范围内调整；欠电流继电器用于欠电流保护，吸引电流是在额定电流30%~65%的范围内调整，释放电流是在额定电流的10%~20%的范围内调整。正常工作时衔铁是吸合的，只有当电流降低到某一定值时，继电器释放，从而控制接触器及时分断电路。

另外，还有速度继电器、压力继电器、温度继电器、液位继电器等，在电子电路还用到微型继电器等。

二、PLC在三相异步电动机运行控制中的应用

PLC主要利用计算机设备与自动控制器进行有效连接，主要对该设备的运行形式进行全面的控制，对其相关的运行方式进行全面的调节，从而完成逻辑、定时、记忆、运算等功能。同时，在PLC不断发展的过程中，其功能也不断完善，与网络连接的性能也有明显的提升，在相关行业的适用范围有所增加，尤其在三相异步电动机运行控制性能方面，有显著的提升。PLC在三相异步电动机运行控制的过程中，应对其相关的内容进行全面的了解，将微电子技术、计算机技术、通信技术等方面进行有效的融合，从而有效提升三相异步电动机运行的安全性、稳定性，这对我国相关行业的发展起到非常重要的作用。

（一）PLC控制的主要流程

PLC在生产的过程中，其设备的型号、种类相对较多，不同型号的自成控制系统有不同的语言控制程序。但是PLC在电动机控制的过程中，主要的控制程序是相同的，下面就对其相应的控制流程进行简要的分析和阐述。

1. I/O接线图

I/O是PLC在电动机控制的过程中，主要根据电动机设备在运行过程中的实际情况，对其外围元件进行全面的接线图设计，这也是PLC在控制运行中的重要依据。

2. 梯形图及指令语句表

在控制的过程中，通过利用计算机设备中专用的PLC编程软件对梯形图进行全面的绘制和控制。并且在绘制和控制的构成中，应按照电动机设备运行情况，将其梯形图进行全面转化，转化成为指令语句表，提升PLC的控制性能。

3. 联机调试

在 PLC 设备运行的过程中，主要是编程与计算机设备、PLC 运行主机进行有效的连接，将此语句指标快速地传输到 PLC 运行主机；同时，在 PLC 运行的过程中，其输入端与信号开关进行全面的开关，从而起到联机调试，在最大限度上保证了稳定、安全地运行。

（二）PLC 在三相异步电动机运行控制过程中的优势

1. PLC 在三相异步电动机运行控制的过程中，操作安全性能相对较高，操作流程相对较为便捷并且具有良好的稳定、安全等性能，从而降低了故障发生的概率。

2. 对时间的控制相对较为准确。同时，在时间调试的过程中，需要对计算机的主程序进行调整，从而在最大限度上简化了操作的流程，提升了工作的效率。

3. PLC 在三相异步电动机运行控制的过程中，一旦控制方向发生改变，不需要对其线路进行全面的改变，只需要对运行的程度进行调整即可，从而降低了故障发生概率。

4. PLC 在三相异步电动机运行控制的过程中，其线路的调试相对较为简单，能够有效地实时监控，从而对整个控制过程进行直观的了解，对其控制过程存在的故障，也具有一定的针对性。

5. 控制系统反应速度相对较快，避免大量的时间消耗影响系统的运行效率，以此提升了 PLC 在三相异步电动机运行控制工作的效率。

6. PLC 在三相异步电动机运行控制的过程中，故障发生的概率相对较低，并且具有相对完善的自我诊断和修复系统。在运行的过程中，PLC 或外部的输入装置和电动机发生故障时，可以根据 PLC 编程器中的信息和数据，快速查找产生故障的原因，通过利用更换模块的方法迅速地排除故障。

（三）PLC 在三相异步电动机运行控制中的主要运用形式

1. 三相异步电动机正反转运行的控制形式

正反转是三相异步电动机运行过程中非常重要的一个组成部分，也是 PLC 控制系统中的一个重要的运用环节。因此，在对三相异步电动机中正反转机制控制的过程中，应先按下正转按钮，三相异步电动机便会开始连续运行，这时的反转按钮便不会产生效应；同时，在利用 PLC 对三相异步电动机运行进行控制的过程中，按下停止按钮，三相异步电动机的电源就会断开；按下反转按钮，三相异步电动机就会开始连续运转。正转按钮便不会产生效应，这样三相异步电动机行时，其安全、稳定等性能，会有着很大程度的提升，并且在一个发生故障以后，另外一个还会正常地工作运转，不会影响工作，提升了PLC在三相异步电动机运行控制的性能。

2. 三相异步电动机时间控制

PLC在三相异步电动机运行控制中，时间是非常重要的一个环节。良好的控制性能，可以保证该设备的正常运行。其实，PLC在三相异步电动机运行控制的过程中，是由很多设备组成的。在控制的过程中，其第一台三相异步电动机设备启动5秒以后，第二台就会跟着三相异步电动机设备启动。但是，在设备停止的过程中，若是想保证运行的稳定、安全等性能，PLC对其时间的控制，是非常重要的。因此，在控制的过程中，应对其运行的时间，进行全面的了解，并且在固定的时间内对其运行过程进行全面的调整，当第一台设备停止一段时间后，第二台设备就会停止运行。一般情况下，设备停止5秒以后，第二台设备就会停止，从而对三相异步电动机的运行进行了良好的控制。

3. 在三相异步电动机运行系统的控制形式

PLC在三相异步电动机运行控制过程中，都是利用相应的编程软件来实现的。那么，在控制的过程中，利用PLC对其运行的系统进行全面的控制，并且根据运行的情况，随时进行改动。在控制的过程中，可以通过以下两个方面进行控制。

（1）触屏系统控制

触屏控制主要是利用1.6英寸的彩色触摸屏，并且与设备中通信系统进行连接，实现相关功能的操作。但是，在控制的过程中，应当根据功能的变化和更新，对触屏的形式进行全面的调整，这样可以在最大限度上保证三相异步电动机在运行中的先进性，提升PLC的控制性能。另外，在控制的过程中，也应对界面的显示情况进行全面的控制，主要分为设备操作平台和在线故障图分析平台等方面。其中：在控制的过程中，控制的内容主要包括操作按钮、运行状态指标灯等方面，这样不仅对传统的功能进行了有效的保留，也有效地提升了界面的效果和可观性。同时，通过在线故障图的形式，可以对三相异步电动机的运行实际情况，进行全面的监控，一旦发生运行故障，可以在第一时间上报，为相关维修工作的展开，提供重要的参考信息。

（2）设备内部控制系统

设备控制系统是保证三相异步电动机设备正常运行的关键，也是PLC在运用过程中的重要环节。因此，PLC在三相异步电动机运行控制的过程中，应对各个线路的运行性能，进行全面的调试，避免在运行中发生漏电的现象；同时，要把该设备内部运行的过程上传到计算机中，并且进行全面的编程，展开实时监控，以此在最大限度上保证该设备的正常运行。另外，PLC在三相异步电动机运行控制的过程中，应对其内部的系统进行全面的了解，如 I/O 接线图、梯形图以及指令语句表、联机调试等方面，并且在与 PLC 连接过程中，应当在其内部插入通信模块。同时，在控制的过程中，通信模块应与设备自身连接，通过利用 PLC 自身的无线功能，从而实现三相异步电动机远程控制，这样不仅提升了 PLC 的远程控制系统运行稳定性，也提升系统的运行效率。

第四章 常见半导体器件及应用

第一节 半导体基础知识

所谓半导体，就是指它的导电特性处于导体和绝缘体之间，如锗、硅、砷化镓和一些硫化物、氧化物等。半导体具有热敏性、光敏性、掺杂性。

所谓热敏性，指的是半导体对温度反应灵敏，环境温度升高，其导电性能增强。因此，人们根据这种特性制成各种热敏元件，如双金属片、热电偶、铂热电阻、热敏电阻等。光敏性指的是半导体对光照反应灵敏，它受到光照时，导电性能变得很强；无光照时，基本不导电。基于此，人们可制作出各种光敏元件，如光敏二极管、光敏三极管等。另外，在纯净的半导体中掺入某种杂质后，它的导电性能可以大大增强到原来的几十万到几百万倍，半导体二极管、三极管、场效应管等应运而生。

一、本征半导体

本征半导体指的是完全纯净的、具有晶体结构的半导体。由于半导体具有晶体结构，所以，由半导体构成的管件也称为晶体管。典型的本征半导体有硅、锗。纯净的硅和锗都属于四价元素，其原子的最外层有四个价电子，它们呈晶体结构排列，原子排列整齐，为了达到原子最外层有八个电子的稳定状态，最外层的四个价电子与相邻的四个原子所共有，形成了共价键结构。硅原子共价键结构如图 4-1 所示。从示意图中可以看到，一旦形成共价键后，每个原子的最外层价电子都两两成为相邻两个原子所需要的价电子，每一对价电子同时受到两个相邻原子核的吸引而被紧紧地束缚在一起。这种束缚使得价电子不像导体那样容易挣脱原子核的束缚，也不像绝缘体那样被原子核束缚得很紧。因此，半导体的导电性介于导体与绝缘体之间。

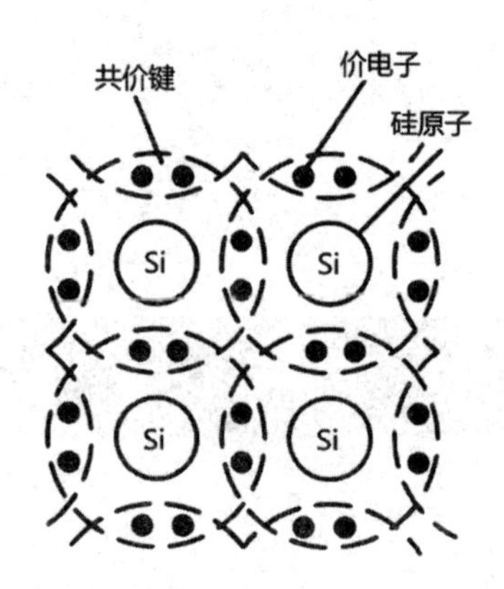

图 4-1　硅原子共价键结构图

常温下，这些受束缚的价电子很难脱离共价键成为自由电子。但是共价键中的价电子在获得一定的能量（受光照、环境温度升高、辐射等）后，会发生本征激发现象，即价电子在一定的能量下可以挣脱共价键的束缚成为自由电子，同时在共价键上留下一个空位，这个空位被称为空穴。自由电子带负电，空穴因失去一个电子带正电。由于共价键破裂而形成的自由电子和空穴称为电子-空穴对。

在本征半导体两端加一电场，则自由电子往电场的正极方向流动形成电子电流，同时带正电的空穴吸引附近的电子来填补空穴而形成新的空穴，从而使得空穴也产生定向移动形成空穴电流，空穴电流在电场的作用下往电场的负极方向流动。本征半导体有两种载流子参与导电，这是半导体和导体的根本区别。

二、杂质半导体

本征半导体中虽然有自由电子和空穴两种载流子参与导电，但是数量极少，因此，导电性能很差。如果在其中掺入适量的杂质，可大大提高半导体的导电性能，故掺入微量杂质的半导体称为杂质半导体。杂质半导体可分为 N 型半导体和 P 型半导体两类。

（一）N 型半导体

如果在本征半导体硅或锗中掺入五价（磷、砷等）元素，则这些元素的原子最外层有五个价电子，这个元素与相邻的硅原子形成共价键的时候，因存在一个多余的价电子不受共价键的束缚，从而形成自由电子。五价元素掺得越多，自由电子的浓度就越大，导电能力就越强。其中：自由电子是多数载流子（多子），而由本征激发出来的空穴是少数载流子（少子），因而这类半导体主要靠自由电子导电，故称为电子半导体，也叫 N 型半导体。

以下图 4-2 给出了 N 型半导体表示法。其中，“⊕”代表磷原子，“ • ”代表自由电子。

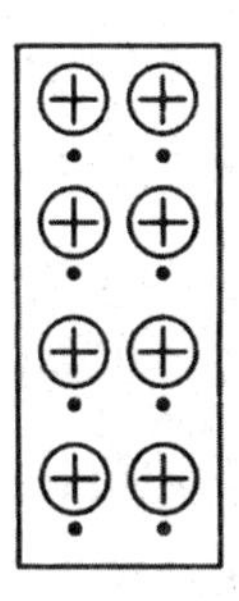

图 4-2　N 型半导体表示法

（二）P 型半导体

如果在本征半导体硅或锗中掺入三价（硼、铝等）元素，则这些元素的原子最外层有三个价电子，这个元素与相邻的硅原子形成共价键的时候，因缺少一个价电子，从而形成空穴。三价元素掺得越多，空穴的浓度就越大，导电能力越强。其中：空穴是多数载流子（多子），而由本征激发出来的自由电子是少数载流子（少子），因而这类半导体主要靠空穴导电，故称为空穴半导体，也叫 P 型半导体。

以下图 4-3 给出了 P 型半导体表示法。其中，“⊖”代表硼原子，“◦”代表空穴。

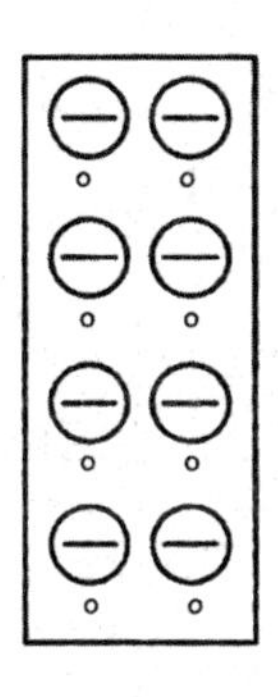

图 4-3　P 型半导体表示法

需要注意的是：不论是 N 型还是 P 型半导体，在没有外电场的时候，对外均显电中性。

三、PN 结的形成及特性

（一）PN 结的形成

在同一块半导体基片上的不同区域掺入不同的杂质形成 P 型半导体和 N 型半导体，由于P区空穴浓度大、电子浓度小，而N区电子浓度大、空穴浓度小，因此，电子和空穴存在浓度差，P区空穴就向N区扩散，同样N区电子向P区扩散。

向对方扩散的多子在两种半导体的交界面附近基本复合掉，仅在交界面的两侧留下了不能移动的等量的正、负离子，形成空间电荷区，建立了从正离子指向负离子的内电场。所以说多子的扩散使得空间电荷区变宽。

由于内电场方向与多子扩散方向相反，因此，内电场阻碍多子的扩散。内电场越宽，场强就越大，阻碍多子扩散的能力就越强；同时，做杂乱无章运动的少子进入内电场后，在电场力的作用下，做与扩散反方向的运动，这种运动我们称为漂移运动。

内电场的场强越大，漂移运动越明显，内电场促进少子的漂移，这种漂移使得在空间电荷区的边界处的正、负离子容易捕获漂移过来的电子和空穴（正离子捕获电子，负离子捕获空穴），从而使得空间电荷区变窄。

在无外电场的情况下，最终扩散运动和漂移运动达到动态平衡，空间电荷区的左右边界确定，此时的空间电荷区称为PN结。PN结的宽度保持在一个相对稳定的状态。PN结也叫空间电荷区、内电场。由于在PN结内，多子都复合耗尽掉，因此，PN结也叫耗尽层。

（二）PN结的特性

1. 外加正压

PN结外加正压指的是P型半导体接外加电压正极，N型半导体接外加电压负极。此时，外电场的方向和内电场的方向相反，多子扩散和少子漂移的动态平衡被打破，多子向对方进行扩散。向对方扩散的多子一部分在空间电荷区中复合掉，另一部分被空间电荷区内左右两边的正、负离子捕获（正离子捕获电子，负离子捕获空穴），空间电荷区变窄，内电场的作用被削弱，削弱的内电场使得多子的扩散能力进一步加强，更多的多子向对方扩散，从而形成较大的扩散电流（正向电流）。由于外电源不断向半导体提供电荷，这样扩散电流得到维持。外电源向半导体提供的电荷形成的电流等于半导体中的扩散电流，这个电流较大，因此，我们称PN结正向导通。PN结导通时，结电阻很小。

2. 外加反压

PN结外加反压指的是P型半导体接外加电压负极，N型半导体接外加电压正极。此时，外电场的方向和内电场的方向相同，少子在外电场的作用下做定向移动，由于少子的排列在靠近空间电荷区的地方较多，离空间电荷区较远的地方较少，因此，空间电荷区外侧两边的多子容易被做定向移动的少子复合掉（N区的电子被少子空穴复合掉，P区的空穴被少子电子复合掉)，仅剩下不能移动的正、负离子，空间电荷区变宽，内电场增强，增强的内电场更加促进少子的漂移，阻碍多子的扩散，而少子的数量很少，形成的漂移电流很小（反向电流）。这么小的电流我们一般忽略不计，因此，我们称 PN 结反向截止。PN 结截止时，结电阻很大。

第二节　半导体二极管及应用

一、半导体二极管

（一）二极管的基本结构与分类

从二极管的内部结构来看，将一个 PN 结连上电极引线，再封装到管壳中，就成了半导体二极管，简称二极管。从 P 区引出的为阳极（又称正极），从 N 区引出的为阴极（又称负极），文字符号用 VD 表示（如图 4-4 所示）。

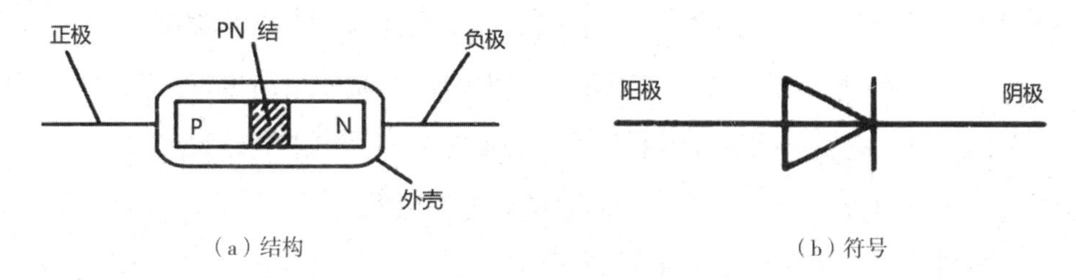

（a）结构　　（b）符号

图 4-4　半导体二极管内部结构和符号

二极管按照材料可分为硅管、锗管、砷化镓管；按照结构可分为点接触型、面接触型、平面型；按照用途可分为普通二极管、整流二极管、开关二极管、稳压二极管、发光二极管、光敏二极管、变容二极管等。

（二）二极管的伏安特性与基本参数

1. 伏安特性

所谓二极管伏安特性，指的是二极管两端电压和流过二极管电流之间的关系。二极管和 PN 结一样具有单向导电性，即当二极管两端加正向电压时导通、加反向电压时截止。

在正向特性中，当外加正向电压较小时，通过二极管的电流基本为零，这说明二极管基本处于截止状态，我们把这段区域称为死区。对于硅管来讲，死区电压约为 0.5V；对于锗管来讲，死区电压约为 0.1V。当外加正向电压超过死区电压时，二极管导通，正向电流由零迅速增长，一开始是非线性增长，之后为线性增长。线性增长区的管压降基本不变，一般硅管为0.6~0.7V，典型值取0.7V；锗管为0.2~0.3V，典型值取0.2V。

在反向特性中，随着外加反向电压的增加，反向电流很小，在工程实际中通常近似为零值，此时二极管处于截止状态。当外加反向电压增大到某个数值时，反向电流急剧增加，这种现象若不进行控制，二极管会因为过大的反向电流而损坏，此时的反向电压称为反向击穿电压。

在一般情况下，二极管的伏安特性近似为理想化，即在二极管正向导通时管压降取零值，二极管近似成导线；二极管反向截止时电流取零值，二极管近似成开路。这样的二极管称为理想二极管。

2. 主要参数

二极管的主要参数如下。

①最大整流电流 I_{CM}：指二极管长期使用时，允许流过二极管的最大正向平均电流。使用时通过二极管的正向电流要小于此电流，否则可能导致二极管的热损坏。

②反向工作峰值电压 U_{RM}：指保证二极管不被击穿而给出的反向峰值电压，一般是二极管反向击穿电压的一半或三分之二。二极管一旦被击穿就不能正常使用。

③反向峰值电流 I_{RM}：指二极管加最高反向工作电压时的反向电流。反向电流大，说明管子的单向导电性差，其受温度的影响大，温度越高，反向电流越大。

④最高工作频率 f_M：指二极管应用时单向导电性出现明显差异的频率。

除上述参数外，二极管参数还有最大耗散功率、最高使用结温、结电容等参数。在实际使用中，要查阅半导体器件手册。

（三）二极管的命名及选用

1. 二极管的命名

（1）国产二极管命名规则

国产二极管的型号由以下五部分组成。

第一部分：用阿拉伯数字表示器件的电极数目，如2表示二极管。

第二部分：用汉语拼音字母表示器件的材料和极性，如A表示N型锗材料，B表示P型锗材料，C表示N型硅材料，D表示P型硅材料。

第三部分：用汉语拼音字母表示器件的类型，如P表示普通管，V表示微波管，W表示稳压管，C表示参量管，Z表示整流管，L表示整流堆，S表示隧道管，N表示阻尼管，U表示光电器件，K表示开关管。

第四部分：用数字表示器件序号。

第五部分：用汉语拼音字母表示规格号，如 A、B、C、D、E……表示耐压档次，A 是 25V 耐压，B 是 50V 耐压，C 是 100V 耐压，字母越大，耐压值越高。

例如，2CP6A 表示耐压值为 25V 的 N 型硅材料的普通二极管。

（2）国外二极管命名规则

目前，我们最常用的国外二极管是 1N 系列，如 1N4001、1N4002、1N4007 等。

1N 是日本电子元件命名法：1 代表有一个 PN 结的二极管，N 代表注册标志，4007 代表登记号。

2. 半导体二极管的选用

通常小功率锗二极管的正向电阻值为 300~500Ω，硅管为 1kΩ 或更大些。锗管反向电阻为几十 kΩ，硅管反向电阻在 500kΩ 以上（大功率二极管的数值要大得多）。正反向电阻差值越大越好。

点接触二极管的工作频率高，不能承受较高的电压和通过较大的电流，多用于检波、小电流整流或高频开关电路。面接触二极管的工作电流和能承受的功率都较大，但适用的频率较低，多用于整流、稳压、低频开关电路等方面。

选用整流二极管时，既要考虑正向电压，也要考虑反向饱和电流和最大反向电压。选用检波二极管时，要求工作频率高、正向电阻小，以保证较高的工作效率，特性曲线要好，避免引起过大的失真。

（四）二极管的测量与判别

1. 二极管极性判断

对于 2AP1~2AP7、2AP11~2AP17 等系列的二极管，二极管有色点的一端为正极。

对于透明玻璃壳封装的二极管，内部连触丝的一端是正极，连半导体片的一端是负极。

对于 1N4000 系列的塑封二极管，有圆环标志的一端是负极。

对于无标记的二极管，可用万用表电阻挡测量二极管正、反向阻值来判别二极管的正、负极。二极管具有正向电阻小、反向电阻大的特点。将万用表拨到“R×100”或“R×1k”挡，用红、黑表笔分别与二极管的两极相接，测量二极管正、反向阻值。当所测的阻值较小时，与黑表笔相接的一端为二极管的正极；当所测的阻值较大时，与红表笔相接的一端为二极管的正极。

2. 二极管好坏判断

万用表拨到“R×100”或“R×1k”挡，用红、黑表笔分别与二极管的两极相接，测量二极管正、反向阻值。一般二极管的正向阻值为几十至几百欧姆，反向阻值约为几千欧姆至几百千欧姆。如果测得的正、反向电阻均很小，说明管子内部短路；反之，如果测得的正、反向电阻均很大，则说明管子内部开路。在这两种情况下，管子就不能使用了。

另外，数字式万用表由于有二极管测量专用挡，可用此挡判断二极管的极性和好坏。首先将数字式万用表拨至测量专用挡。然后用红、黑表笔分别接被测二极管的两极，正、反各测一次，测量中会出现一次显示“1”，表示二极管不通，另一次显示 100～800 的数字，表示二极管导通，显示的数字为二极管导通电压，如显示 566，则表示二极管导通电压为 566mV。若出现上述现象，表示二极管是好的。另以显示“1”的那次为判断依据，红表笔接触的为二极管负极，黑表笔接触的为二极管正极。

二、二极管的应用

自从二极管诞生后，其应用十分广泛，这里针对常见的几种二极管的应用做简单的介绍。

（一）整流二极管技术的应用

1. 整流二极管简介

整流二极管是一种半导体器件，它能将交流电能转变为直流电能。通常它包含一个 PN 结，有阳极和阴极两个端子。它的载流区有空穴、电子、位垒。空穴区相对电子区为正的电压时，位垒降低，位垒两侧附近产生储存载流子，能通过大电流，具有低的电压降（典型值为 0.7V），称为正向导通状态。若加相反的电压，使位垒增加，可承受高的反向电压，流过很小的反向电流（称反向漏电流），称为反向阻断状态。

整流二极管具有明显的单向导电性，整流二极管可用半导体锗或硅等材料制造。硅整流二极管的击穿电压高，反向漏电流小，高温性能良好。通常高压大功率整流二极管都用高纯单晶硅制造（掺杂较多时容易反向击穿）。这种器件的结面积较大，能通过较大电流（可达上千安），但工作频率不高，一般在几十赫兹到几百千赫兹之间。整流二极管主要用于各种低频半波整流电路，如须达到全波整流须连成整流桥使用。

2. 整流二极管在其他行业的应用及展望

整流二极管除了在上述行业的应用外，在家用电子领域有更广泛的应用，市场上通常意义的小家电，例如，液晶电视、冰箱、洗衣机、电饭煲、平板电脑、DVD 播放器等的电源部分广泛应用整流二极管。

在未来整流二极管将更多地应用于太阳能电池板和变频器、风车和智能电网、无线充电、混合动力和存电动力、用于启动停止的直流/直流转换器等新兴能源产业或新型产品方面。

（二）发光二极管技术的应用

1. 发光二极管

发光二极管，也被人们叫作 LED，是利用半导体材料经过多重工序制作出来，通电过后便可发光的一种电子元件。发光二极管在固定的方向通电才能发光，这也被称为正向偏置，就是我们所常说的单向导电性。电子和空穴结合发出单色光，称为电致发光。发出光波的波长和光的颜色，由组成发光二极管的组成成分以及成分中所掺杂的其他物质来决定。发光二极管的优点有很多，比如接同样的电源，发光二极管比普通光源发光的效率高；可使用的时间也比普通白炽灯的时间长得多，也没有灯丝被烧坏，从而减少灯泡废弃的可能。从这几年来看，发光二极管的技术明显比之前成熟，效率比之前得到了非常大的提升。

2. 发光二极管原理

发光二极管具备二极管本身的性质，两者皆由 PN 结组成，发光二极管也和二极管一样，只有在通过正向的电压时，它才会发出光线。发光二极管接上正电压，发光二极管里面就会有电子运动，从而使得发光二极管发光。

PN 结通常由砷化镓等成分组成，如果里面的组成成分不相同，那么就会制造出光波长度不一样的光，波长不同，自然发出的光也就成了五颜六色的。例如，红色发光二极管灯内部组成成分为砷化镓；绿色发光二极管灯内部组成成分为磷化镓；黄色发光二极管灯内部组成成分为碳化硅。

3. 发光二极管特点

（1）优点

发光二极管内部由非常迷你的芯片构成，所以，发光二极管的体积十分小，重量也非常小。因为发光二极管技术不断提高，使得它的效率变得更高，通过相同的电流，它发出的光比一般灯泡更亮，日常使用的时候，消耗的电量比一般灯泡甚至节能灯都少得多。发光二极管光源被戏称为长寿灯。因为它为固体冷光源，环氧树脂封装，灯体内不会出现松动的部分，不会出现灯丝发光易燃、热沉积、光衰等这一系列影响灯泡正常工作的不良现象，在正常使用的情况下，发光二极管可使用的时间比普通灯泡长得多。发光二极管组成成分中没有有毒物质，是非常环保的，也不会出现某些灯泡含水银而不安全的情况，而且发光二极管还可被回收利用。发光二极管发出的光不会含有紫外线以及红外线，因为发光二极管的效率高，所以，它散发出来的热量就会变小，而且不会有辐射污染，是完完全全的新绿色能源。普通的灯泡一般只能发出一个颜色的光，而发光二极管灯具可以通过改变组成成分，来使其发出五颜六色的光。而且发光二极管可以与网络等一系列新技术结合，这让它本身也成为一种高新产品。

（2）缺点

发光二极管白光的形成主要由450~455NM波长的蓝光激发，其中，波长越小，则激发能力越强；反之，如果波长变大，那么激发能力就会变弱，效率会降低。所以，人们通常提高蓝光强度，以此来提高发光效率。但是，人眼长期接触大量蓝光，会杀伤大量活跃的人眼细胞。而且，发光二极管点灯时间越久，荧光粉衰减越快，使得人眼接触的蓝光光照更加强烈，会损害人眼，严重的可能还会癌化形成斑块。发光二极管灯具用于道路交通导航指示灯、路灯、台灯等，人接触过多时，会造成头晕眼花、不舒服的后果，长期使用会损害眼睛，增加眼疾甚至有患癌风险。因此，不要过久接触发光二极管灯，过一段时间就应该放下手头的工作，闭眼休息以达到保护眼睛的目的。发光二极管也是二极管，具备二极管的基本性质，两者皆由PN结组成而来。发光二极管也和二极管一样，只有在通过正向的电压时它才会发出光线。因此，发光二极管灯只能通以正电流灯才能亮起，发光二极管不能直接用于交流电路中。

4. 发光二极管应用

发光二极管一般用在背光源、彩屏、照明几方面。因为背光源有非常庞大的应用领域，近年来，背光源这个庞大市场也推动发光二极管市场不断往前进步。不久的将来，因为传统发光源有种种弊端，发光二极管将在照明领域逐渐兴起，背光源这庞大的市场将被照明市场压一头，最终照明市场将继续与发光二极管协同向前发展。最近几年里，小型显示器市场也在不断扩大，使得发光二极管行业不断进步。总而言之，发光二极管在之后的发展过程中将会是一个发展良好的热门行业，有着巨大的应用潜力和价值。

发光二极管利用其优势在各个市场都有非常巨大的作用，红外发光二极管广泛用于各种电器的遥控，白光发光二极管在屏幕背光源、照明方面应用广泛。近年来，发光二极管产业技术提高，使得效率因此得到改善，此产业的原材料花费也随之下降。发光二极管是光源在21世纪的后起之秀，一跃成为光源领域的“领头羊”。因为发光二极管具有广阔的市场，它已慢慢追上并超越传统光源行业，而且正以极快的速度向前发展。

（三）光电二极管技术的应用

1. 光电二极管的工作原理

光照射到半导体时，如果入射光子的能量 E 小于半导体的禁带宽度 E_g，光会透射过此物质，半导体表现为透明状；反之，光子将被半导体吸收，光子流和半导体内的电子相互作用，从而改变电子的能量状态，引起各种电学效应，统称为光子效应。

P 型半导体和 N 型半导体接触时会产生 PN 结，又称为空间电荷区、势垒区等，这些空间电荷在结区形成了一个从 N 区指向 P 区的电场，称为内建电场。PN 结开路时（零偏状态），在热平衡下，由于浓度梯度而产生的扩散电流与由于内电场作用而产生的漂移电流相互抵消，总电流为零，也就是说没有净电流流过 PN 结。这时如果有光辐射到半导体上，且 $E > E_g$，光子将被吸收，光子流强度随着深入半导体材料的距离指数衰减。定义单位距离内所吸收的相对光子数为吸收系数 α，它是入射光能和禁带宽度的函数。随着入射光能增加吸收系数迅速增大，以至于在半导体表面很薄的一层内光能就被完全吸收。以硅为例，如果入射光波长 $\lambda = 1.0\mu m$，则对应的吸收系数 $\alpha \approx 10^2 cm^{-1}$，可以算出入射光子流被吸收 90%处的距离是 0.23mm；如果 $\lambda = 0.5\mu m$，则对应的吸收系数 $\alpha \approx 10^4 cm^{-1}$，入射光子流被吸收 90%处的距离是 2.3μm，表明光的吸收实际上集中在半导体很薄的表层内。

光辐射到半导体时，入射光子流与价电子相互作用，把电子激发到导带，在价带里产生空穴，以形成电子-空穴对，称为非平衡载流子或过剩少子，其产生率与光强有关。由于入射光强随着深入半导体材料的距离指数衰减，电子-空穴对的产生率也迅速下降。再以硅为例，如果入射光强为 0.1w cm，波长 $\lambda = 0.6\mu m$，假设少子寿命为 10s，则距表面 5μm 和 20μm 处的光子通量分别为 0.0135w cm^{-2}、3.35×10^{-5}w cm，电子-空穴对的产生率分别为 $1.63 \times 10^{20} cm^{-3} s^{-1}$、$4.05 \times 10^{17} cm^{-3} s^{-1}$，过剩载流子浓度分别为 $1.63 \times 10^{13} cm^{-3}$、$4.05 \times 10^{-10} cm^{-3}$。可见，有光照时半导体表面薄层内产生了大量的过剩载流子，光辐射越强，过剩少子数目越多（与入射光强成正比），并且随着距离的深入迅速衰减。这样，半导体材料的表面和体内就形成了浓度梯度，自然会引起扩散。光照前多子的热平衡浓度本来就很高，光生载流子对多子的浓度影响很小，而少子的热平衡浓度本来就很低，光生载流子对其浓度的影响就很大，表面附近的少子浓度会急剧增加。在 P 区，光生电子向体内扩散，如果 P 区厚度小于电子扩散长度，那么大部分光生电子将能穿过 P 区到达 PN 结（少部分被复合）。一旦进入 PN 结，将在内建电场作用下被迅速扫到 N 区；同样，在 N 区，光生空穴向体内扩散到 PN 结，也因电场力作用被迅速扫到 P 区。

这样，光生电子-空穴对就被内建电场分开，空穴集中在P区，电子集中在N区，半导体两端就会产生P区正N区负的开路电压，如果将P区和N区短接，就会有反向电流流过PN结。这种光照零偏PN结产生开路电压的现象就称为光伏效应。

事实上，不仅光照零偏PN结会产生光伏效应，光照反偏PN结、PIN结或肖特基势垒都能产生光伏效应。典型的应用器件有光电池和光电二极管两类，光电池是利用光生伏特效应制成的无偏压光电转换器件。而光电二极管是在反向偏压下工作的光伏器件，它在微弱、快速光信号探测方面有非常重要的作用。

2. 光电二极管的特性

(1) 光谱特性

光电二极管只能对大于禁带宽度的光子能量产生响应，不同材料的光谱响应范围也不一样。对每一种探测器件，都有一个响应的峰值，其对应的光子能量E稍大于禁带宽度E_g。当$E=hv<E_g$时，响应呈迅速下降的趋势；而$hv>E_g$时，响应也降低。入射光从短波长逐渐增加到峰值波长时，响应度逐渐增大。由于入射光所产生的光生载流子只有进入到结区才能形成光电流，所以，为了提高入射光的量子效率，应使入射光尽量照射在PN结势垒区内。

(2) 频率响应

光电二极管同样存在PN结的势垒电容，会影响到它的频率特性，主要因素是载流子的渡越时间和RC时间常数。光生载流子在向结区扩散和漂移过势垒区都需要一定的渡越时间，它限制了光电二极管对高频调制的响应能力，由于漂移速度远比扩散速度快，所以，耗尽层型光电二极管在频率响应上要优于扩散型。RC时间常数主要取决于结电容和负载电阻，要使结电容尽量小，可减小结面积，增大耗尽层厚度并适当加大反偏电压，这样可以提高频率上限。

(3) 噪声特性

光电二极管工作时，所吸收的光辐射不仅有信号光还有背景光，同时，反偏PN结还存在暗电流，它会产生散粒噪声和热噪声，同时光信号本身也有量子噪声。

3. 其他结构类型的光电二极管

(1) PIN型光电二极管

它是在P型和N型半导体之间夹有一层相当厚度的高电阻率的本征半导体——I层。反偏时，耗尽层可在整个I区展开，它扩大了光电转换的有效工作区域，对提高量子效率有利。与普通PN结光电二极管相比，PIN型提高了频率响应能力，有利于高频运用，同时击穿电压更高，主要运用于光通信、光测距、光度测量和光电控制方面。利用PIN结构制作的四象限光电二极管，可以对运动目标进行探测，实行跟踪、定位和制导。

（2）雪崩光电二极管

它是在 PN 结或 PIN 结加上足够大的反偏电压，引起雪崩式的碰撞电离，产生大量的电子-空穴对。其电流增益可达 $10^2 \sim 10^4$。这种器件结电容小、响应速度快、灵敏度高，常用于探测高频、低强度的可见光和近红外辐射，也能响应调制在微波频率的光波。

（3）肖特基势垒光电二极管

这是一种非结型（没有 PN 结）器件，它利用金属与半导体接触形成势垒，也产生耗尽层。势垒中发生的光电效应与 PN 结中一样。利用不同的金属与半导体材料接触，可以制成多种肖特基势垒光电二极管。因为并非所有的半导体材料都能既制成 P 型又制成 N 型，从而形成 PN 结，所以，肖特基势垒光电二极管对那些不能形成 PN 结的半导体材料特别有意义。

此外，还有金属-氧化物-金属结构的点接触光电二极管和光电三极管等光伏探测器件。

第三节　半导体三极管及应用

一、半导体三极管

半导体三极管又称晶体管，它是最重要的一种半导体器件，它的放大作用和开关作用促进了电子技术的迅猛发展，掌握三极管的基本知识，可以更好地运用半导体三极管。

（一）三极管的基本结构与分类

半导体三极管的种类很多：从制造工艺分有平面型和合金型；从所用的材料分有硅管和锗管，硅管一般是平面型、锗管一般是合金型；从工作频率分有高频管和低频管；从功率分有大、中、小功率管；从结构分有 NPN 型管和 PNP 型管。

无论是 NPN 型还是 PNP 型三极管，结构上都有相同的地方，都包括基区、发射区、集电区；从这三个区分别引出基极（B）、发射极（E）、集电极（C）；基区与发射区之间的 PN 结称为发射结，基区与集电区之间的 PN 结称为集电结。这两种三极管的不同之处是：NPN 管基区是 P 型半导体，集电区和发射区是 N 型半导体；而 PNP 管基区是 N 型半导体，集电区和发射区是 P 型半导体。在符号上，NPN 管箭头往外，PNP 管箭头往里。另外，在制造工艺上，以 NPN 管为例，基区做得很薄，集电区面积做得最大，而发射区采用高掺杂技术做成，使用时不可混淆。

（二）三极管的电流放大作用

在三极管发射结正偏、集电结反偏的情况下，三极管具有电流放大的作用，我们可以通过实验来掌握三极管的电流放大原理和其中的电流分配关系。以 NPN 硅三极管为例，为了使三极管发射结正偏、集电结反偏，三极管集电极电压大于基极电压大于发射极电压。根据这个原则，搭建实验线路如图 4-5 所示。其中，电源 E_B 、电阻 R_B 、三极管的基极、发射极构成输入回路。电源 E_C 、电阻 R_C 、三极管的发射极、集电极构成输出回路。这里发射极为公共端，因此，这种接法的电路称为共发射极电路。改变电阻 R_B 的阻值，记录测量的基极电流 I_B 、集电极电流 I_C 、发射极电流 I_E 见表 4-1。

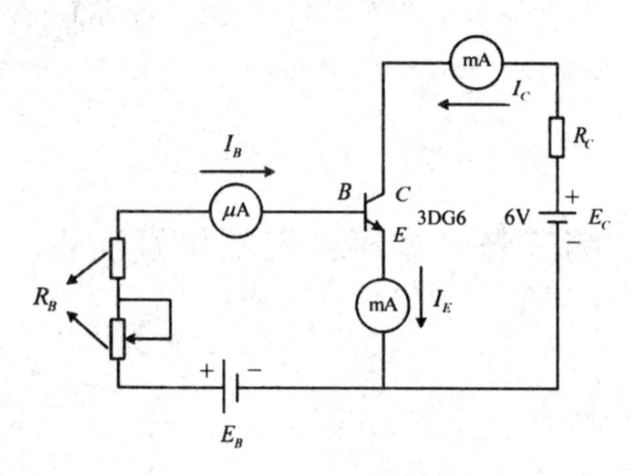

图 4-5　三极管电流放大实验电路

表 4-1　三极管各电流测量值

电流	数据（mA）				
I_B	0.02	0.04	0.06	0.08	0.10
I_C	0.70	1.50	2.30	3.10	3.95
I_E	0.72	1.54	2.36	3.18	4.05

通过实验结果可得实验结论如下。

（1）无论三极管的电流变化如何，三个电流始终满足 KCL，即 $I_E = I_C + I_B$ 。

（2）I_C 和 I_E 电流较大，I_B 很小，因此 $I_E \approx I_C$ 。

（3）I_B 很小，但对 I_C 有控制作用，I_C 随着 I_B 的改变而改变，两者有相应的比例关系，基极电流的微小变化 ΔI_B 引起集电极电流的较大变化 ΔI_C ，这就是三极管的电流放大作用。

我们用交流电流放大倍数 β 和直流电流放大倍数 $\bar{\beta}$ 来反映电流放大的能力。

如 I_B 从 0.02mA 增加到 0.04mA，I_C 从 0.7mA 增加到 1.5mA，则交流电流放大倍数 β 为：

$$\beta = \frac{1.5 - 0.7}{0.04 - 0.02} = 40$$

如 I_B 是 0.06mA 时，I_C 是 2.3mA，则直流电流放大倍数：

$$\bar{\beta} = \frac{2.3}{0.06} = 38.3$$

又如 I_B 是 0.08mA 时，I_C 是 3.1mA，则直流电流放大倍数：

$$\bar{\beta} = \frac{3.1}{0.08} = 38.8$$

从上面的计算可以看出，电流放大倍数在一定的范围内近似为常数。β 和 $\bar{\beta}$ 差别比较小。在一般工程估算中，可以认为 $\beta \approx \bar{\beta}$ 。

（三）三极管的主要参数

三极管的主要参数如下。

（1）集-基极反向漏电电流 I_{CEO} ：指当发射极开路、集电极上加一反向电压时，流过集电极的反向电流。该电流越小，管子受温度的影响越小。

（2）集-射反向饱和电流 I_{CBO} ：指当基极开路时，流过集电极、发射极之间的反向电流。此电流也称为穿透电流，它越小越好。$I_{CEO} = (1 + \beta) I_{CBO}$ 。

（3）集电极最大允许电流 I_{CM} ：晶体管的集电极电流 I_C 若超过一定的数值，它的电流放大倍数 β 将显著下降，下降到 2/3 时所对应的集电极电流为集电极最大允许电流 I_{CM} 。

（4）集-射极击穿电压 $U_{(BR)CEO}$ ：指基极开路时，允许加在集电极和发射极之间的最大电压。

（5）集电极最大允许耗散功率 P_{CM} ：指集电极电流流过集电结时要产生功率损耗，使集电结发热，当结温超过一定数值后，管子性能降低，甚至烧坏。为了使管子结温不超过允许值，规定了此参数。三极管工作时，设管子两端的压降为 U_{CE} ，集电极流过的电流为 I_C ，则 $P_{CM} = U_{CE} I_C$ 。

（四）三极管的命名及选用

1. 三极管的命名

国产三极管的型号由以下五部分组成。

第一部分：用阿拉伯数字表示器件的电极数目，如 3 表示三极管。

第二部分：用汉语拼音字母表示器件的材料和极性。如 A 表示 PNP 型锗材料，B 表示 NPN 型锗材料，C 表示 PNP 型硅材料，D 表示 NPN 型硅材料，E 表示化合物材料。

第三部分：用汉语拼音字母表示器件的类型，如 G 表示高频小功率管，X 表示低频小功率管，A 表示高频大功率管，D 表示低频大功率管，T 表示闸流管，K 表示开关管，V 表示微波管，B 表示雪崩管，J 表示阶跃恢复管，U 表示光敏管（光电管），J 表示结型场效应晶体管。

第四部分：用数字表示器件序号。

第五部分：用汉语拼音字母表示规格号。

例如，3DG18 表示 NPN 型硅材料高频小功率三极管。

关于国外的三极管，目前，我国常用的国外三极管是 9011、9012、9013、9014、9015、8050、8550 等，均为常用的高频小功率硅三极管。这些三极管最初是由日本公司生产的，其完整型号是 2SC9011、2SC9012、2SC9013 等。现在一般管子上都省略了“2SC”，直接写数字。

2. 三极管的选用

选用三极管既要符合设备及电路的要求，又要符合节约的原则。选管时一般应考虑工作频率、集电极电流、耗散功率、电流放大系数、反向击穿电压、稳定性及饱和压降等参数。这些因素具有相互制约的关系，在选管时应重点考虑主要因素，兼顾次要因素。

低频管的特征频率一般在 2.5MHz 以下，而高频管的特征频率从几十兆赫兹到几百兆赫兹甚至更高，选管时应使特征频率为工作频率的 3~10 倍。原则上讲，高频管可以代换低频管，但是高频管的功率一般都比较小，动作范围窄，在代换时应注意功率条件。

选择三极管时一般希望 β 大一些，但也不是越大越好。β 太高容易引起自激振荡。另外，一般 β 高的管子工作大多不稳定，受温度影响大，通常 β 多选在 40~100 之间。但低噪声、高 β 值的管子（1815、9011~9015 等），其 β 值达数百时温度稳定性仍较好。另外，对整个电路来说还应该从各级的配合来选择 β。例如，前级用 β 高的，后级就可以用 β 较低的管子；反之，前级用 β 较低的，后级就可以用 β 较高的管子。

另外，集-射反向击穿电压 U_{CEO} 的值应选大于电源电压的，穿透电流越小，对温度的稳定性越好。普通硅管的稳定性比锗管好得多，但普通硅管的饱和压降较锗管大，在某些电路中会影响电路的性能，应根据电路的具体使用情况选用。选用三极管的耗散功率时应根据不同电路的要求留有一定的裕量。对高频放大、中频放大、振荡器等电路用的三极管，应选用特征频率高、极间电容较小的三极管，以保证在高频情况下仍有较高的功率增益和稳定性。

（五）三极管的测量与判别

1. 三极管类型和引脚判断

（1）从封装外形上判引脚

对于常用的9011、9012、9013、9014、9015、9018、8050、8550、C2078等系列中小功率塑料三极管，把印有型号的平面朝向自己，三个引脚向下放置，从左向右依次为发射极（E）、基极（B）、集电极（C）。三极管金属帽底端有一个小凸起的，将底端面朝自己，距离这个凸起最近的是发射极（E），然后顺时针依次是基极（B）、集电极（C）。金属帽底端没有凸起的，将底端面朝自己，顺时针依次是发射极（E）、基极（B）、集电极（C）。

（2）用万用表判三极管类型和引脚

将万用表拨到“R×100”挡，将任意一个表笔固定在三极管任意一个引脚上，用另一个表笔测另两个引脚，如果一次导通、一次不通，则固定的引脚不是基极。表笔色不变，另换一个引脚作为测量的固定脚，再测量，如果两次都不导通，则交换表笔，重复上述步骤。直到测到两次都通，则固定的引脚为基极。如果固定的表笔是黑表笔，则三极管是NPN型；如果固定的表笔是红表笔，则三极管是PNP型。

NPN管：任意假设一个为集电极，用黑表笔接在假设的集电极上，红表笔接在假设的发射极上，将手蘸湿捏住集电极和基极，记录阻值，然后假设另一个极为集电极，重复上述过程，记录阻值，阻值大的那一次假设正确，则黑表笔接的为集电极，红表笔接的为发射极。

PNP管：任意假设一个为集电极，用红表笔接在假设的集电极上，黑表笔接在假设的发射极上，将手蘸湿捏住集电极和基极，记录阻值，然后假设另一个极为集电极，重复上述过程，记录阻值，阻值大的那一次假设正确，则红表笔接的为集电极，黑表笔接的为发射极。

2. 三极管好坏判断

（1）用前面的方法判不出引脚，则三极管是坏的。

（2）以NPN型管为例，当将黑表笔接基极、红表笔分别接集电极和发射极时，测出的两个PN结的正向电阻应为几百欧姆或几千欧姆，然后把表笔对调再测两个PN结的反向电阻，一般应为几十千欧姆或几百千欧姆以上。然后再用万用表测发射极和集电极之间的电阻，测完后对调表笔再测一次，两次的阻值都应在几十千欧姆以上，这样的三极管可以基本上断定是好的。

二、三极管的应用

三极管自问世以来，就广泛应用于社会生活中。

（一）普通三极管的应用

1. 广播电视设备

三极管在广播电视设备中有非常重要的地位。它被广泛应用于收音机、电视机、音响等设备中的放大电路中。三极管作为放大器，能够将信号放大到合适的电平，使得我们能够听到清晰的声音和观看清晰的画面。因此，没有三极管的支持，广播电视设备将无法正常工作。

2. 计算机设备

三极管在计算机设备中也有重要的应用。例如，三极管被用于 CPU 中的逻辑门电路中，实现了计算机的基本逻辑运算。此外，三极管还被用于存储器、磁盘驱动器等设备中的控制电路，为计算机的正常运行提供了必要的支持。

3. 电子游戏设备

在电子游戏设备中，三极管也起到了重要的作用。例如，游戏机中的音频和视频处理器中就包含了大量的三极管，用于信号的放大和处理。这些三极管能够使游戏机的画面更加清晰、音效更加逼真，为玩家提供更好的游戏体验。

4. 安防设备

在安防设备中，三极管被广泛应用于监控摄像头、报警器等设备中的控制电路中。三极管能够实现信号的放大和控制，使得安防设备能够准确地感知和报警，从而提高安全性。

（二）达林顿管及其应用

达林顿管又称复合管，它是把两只或多只三极管的电极做适当连接，作为一只管子使用。

1. 电机驱动器

达林顿管的高驱动能力使其成为电机驱动器的理想选择。通过控制输入信号的变化，达林顿管可以将小电流信号转换为大电流信号，从而用于驱动直流电机、步进电机和其他类型的电机。这种应用常见于汽车、机器人、工厂自动化等领域。

2. 开关电路

达林顿管的高开关速度和大电流承载能力使其适用于开关电路。在数字逻辑电路中，达林顿管可以将低电平信号转换为高电平信号，用于控制其他电子元件的开关状态。这种应用常见于计算机、通信网络等设备中。

3. LED 驱动器

由于 LED 需要较高的电压和电流来正常工作，而达林顿管可以提供所需的电流增益，因此，它常用于 LED 驱动器电路中。通过控制输入信号的变化，达林顿管可以稳定地向 LED 提供所需的电流，从而使 LED 正常发光。这种应用常见于灯具、显示器、广告牌等。

4. 继电器驱动器

继电器是一种电气开关，用于控制较大电压和电流的开关状态。由于继电器需要较大的驱动电流，达林顿管的高增益和大电流承载能力使其成为继电器驱动器的理想选择。这种应用常见于家电、汽车、工业自动化等领域。

5. 电子稳压器

达林顿管可以用于设计电子稳压器电路。通过控制输入电压的变化，达林顿管可以稳定地输出所需的电压，并保持输出电压的稳定性。这种应用常见于电子设备、电源供应器等。

（三）光敏三极管及其应用

1. 光敏三极管的工作原理

光敏三极管是 PNP 型三极管的一种变种，其 PN 结上有一层光敏材料，例如，硒化镉或硅光电池等。在黑暗环境下，光敏三极管的电阻非常高、电流非常小；而当有外界光照射到光敏三极管上时，光子的能量被吸收，并激发了一些电子跳跃到导带中，形成电流，从而改变了 PN 结的电阻值。因此，光敏三极管的工作原理就是通过光子的作用来调解电阻或者产生电流。其工作原理与光电二极管类似，但是因为有三种掺杂的材料，因此，具有更强的灵敏度和更广泛的光谱响应。

2. 光敏三极管的应用

光敏三极管的应用十分广泛，在光电自动控制、通信、生物医药等领域都得到了广泛的应用。主要包括以下四个方面。

（1）光控开关

光敏三极管可以实现对电路的开关控制。通过对光敏三极管的照射，控制其电阻大小，从而达到开关控制的目的。在照度较低的情况下，光敏三极管的电阻较大，电路无法工作，当照度达到一定程度时，光敏三极管的电阻大小发生变化，实现对电路的开关控制。

（2）光电测量

光敏三极管可作为一种用于光电测量的探测器件。在需要对光强信号进行检测的应用场合中，可将光敏三极管用作光电转换器，将光信号转化为电信号后进行放大处理，以达到测量目的。

（3）光通信

光敏三极管可以用作光通信系统中的探测器件，将光信号转化为电信号进行接收和解调，实现光通信系统的传输和接收功能。

（4）生物医药

光敏三极管在生物医药领域中也有广泛的应用。如在光动力疗法中，将光敏三极管与药物配合使用，通过药效区域内的光照射，将药物的活性物质释放出来，发挥治疗作用。

总之，光敏三极管作为一种光敏探测器件，具有灵敏度高、响应速度快、功耗小等优点，被广泛应用于光电自动控制、通信、生物医药等领域。

第四节　场效应管

一、MOS 场效应管功能和特点

随着广播电视技术的不断更迭发展，传统式电子管调制功放电路被大功率 MOS 场强效应管功放所替代，发射机的全固态化已成为主流。全固态发射机拥有以下诸多优点（使用费用低、工作效率高、产品质量优、技术维护少、整机寿命长等），它有效克服了电子管发射机存在的运行成本高、工作效率低、线性和非线性失真、自激震荡、整机电子管寿命短等各种缺陷。

当全固态中波发射机工作时，MOS 场效应管处于大电流工作状态，特别是在发射机功放模块的高温环境下，同时还可能受到雷电、雨雪等恶劣环境的影响，其稳定性对发射机的正常工作至关重要。

MOS 场效应管即金属-氧化物-半导体型场效应管，英文缩写为 MOSFET（Metal-Oxide-Semiconductor Field-Effect-Transistor，即金属氧化物合成半导体的场效应晶体管）。一般有耗尽型和增强型两种，增强型场效应管又分为 NPN 型 PNP 型。NPN 型通常称做 N

沟道型，场效应管是一种电压控制器件，犹如一个开关，但与一般开关不同的是：它是用电压来控制它的导通和关闭状态，即栅极电源 UGS 控制漏极电流 ID，可以认为输入电流极小或者没有输入电流，其直流输入电阻和交流输入电阻都非常高，该器件就有很高的输入阻抗，同时这也是称之为场效应管的原因。场效应管的噪声系数很小，在低噪声放大电路的输入级及要求信噪比较高的电路中常常作为最佳选择，场效应管也用于组成各种放大电路和开关电路，具有输入电阻高（100M2～1000M2）、噪声小、功耗低、动态范围大、易于集成、没有二次击穿现象、安全工作区域宽、热稳定性好、安全工作区域宽等优点。

二、场效应管在射频放大器上的应用

射频功率放大器是发射机最后的射频大功率放大部分，它包括 48 块射频功放板、3 块功率合成母板以及射频功率合成器。在 DM10 发射机中无论是预驱动放大级、驱动放大级还是射频功率放大级，所用的射频放大模块都是相同的，可以互换，因此，了解射频功率放大板的基本原理是很有必要的。每个射频功率放大器都采用 4 个 N 沟道的 MOS 场效应管构成一个 H 形桥式开关放大器，以丁类开关放大方式工作，这种连接方式称为桥式功放。桥式功放有两种工作方式：半桥工作方式和全桥工作方式。

（一）半桥工作方式

半桥工作方式模块中，每个部分由两个场效应管组成，每对场效应管轮流导通或截止，作用犹如开关，输入两个场效应管的射频推动信号相位相差 180 度。这样输出就在地电位和供电电压之间转换。

（二）全桥工作方式

除预推动级模块外，其余射频放大器模块全部工作在全桥方式。全桥工作方式中，负载接在两个半桥的源漏连接点之间。由于两个半桥 MOS 管栅级的驱动变压器接法相反，因此，使得两个半桥的导通和关闭状态正好相反。

利用场效应管的高速开关特性和低饱和压降特点，以及不需要严格对称和复杂的直流偏置和负反馈，大大地提高了发射机的稳定性，获得了比甲、乙类放大器更高功率的输出。

三、场效应管的主要参数

场效应管的主要参数如下所述。

1. 开启电压 $U_{GS(th)}$：增强型 MOS 管的参数，指 U_{DS} 为一定值时，产生某一微小电流 I_D 所需要的 $|U_{GS}|$ 的最小值。

2. 直流输入电阻 R_{GS}：指栅极和源极之间的直流电阻。

3. 跨导 g_m：是 U_{GS} 对 I_D 控制作用大小的参数，指 U_{DS} 在一定数值的条件下，U_{GS} 的变化引起的 I_D 变化量与 U_{GS} 变化量的比值，即：

$$g_m = \left(\frac{\Delta I_D}{\Delta U_{GS}}\right)\bigg|_{U_{DS}=\text{常数}} \tag{4-1}$$

四、场效应管与双极型三极管的对比

场效应管与双极型三极管的对比如表 4-2 所示。我们可根据不同的场合选取需要的管型。

表 4-2　场效应管与双极型三极管的对比

	双极型三极管	场效应管
载流子	两种不同极性的载流子同时参与导电，故称为双极型晶体管	只有一种极性的载流子参与导电，故称为单极型晶体管
控制方式	电流控制	电压控制
类型	NPN 型和 PNP 型	N 沟道和 P 沟道
放大参数	$\beta=20\sim100$	$g_m=1\sim5\text{mA/V}$
输入电阻	$10^2\sim10^4\Omega$	$10^7\sim10^{14}\Omega$
输出电阻	r_{CE} 很高	r_{DS} 很高
热稳定性	差	好
制造工艺	较复杂	简单，成本低
对应极	基极-栅极，发射极-源极，集电极-漏极	

五、维修养护

在日常工作中加强机器的保养与维护，可有效避免或者降低故障的发生，注意机房防尘、控温、调湿，运行时注意检查机器声音是否正常，例行检修时检查各部件有无松动，特别是导体连接部分，防止接触松动而发热。在故障记录本上，及时将故障进行分类对比归纳整理，经常深入分析机器故障，将不断提高处理故障和预防性检修的能力。

第五章 集成运算放大器及应用

第一节 集成运算放大器的基础知识

集成运算放大器是一种高增益的直接耦合多级放大电路。由于在早期的模拟计算机中广泛使用这种器件（需要外接不同的网络）来完成诸如比例、求和、积分、微分、对数、反对数等运算，因而得名运算放大器，通常简称为集成运放或运放。虽然现在的集成运放的应用早已超出模拟运算的范围，但我们还是习惯上称之为运算放大器。

一、集成电路中元器件的特点

由于集成电路是利用半导体生产工艺把整个电路的元器件制作在同一片硅基片上，与分立元件电路相比，集成电路的元件有如下特点：

（一）相邻元件的特性一致性好

集成电路中所有元器件同在一个很小的基片上，互相非常接近，材料工艺和环境温度也都相同。虽然元器件参数的精度较差，但在同一基片内，相同元器件的参数有同向的偏差，容易造成两个特性相同的管子或两个阻值相同的电阻其温度特性也一样，因而相邻元器件特性一致性好。

（二）用有源器件代替无源器件

集成电路中的电阻元件是由半导体电阻形成的，由于基片面积的限制不可能做成较大阻值的电阻，一般为几十欧到 20kΩ。而较大阻值的电阻都采用晶体管或场效应管组成的有源负载来代替。

（三）二极管大多由晶体管构成

集成电路中制造晶体管比较方便，如将晶体管的集电极与基极短路，利用发射结制作普通的二极管；将三极管的发射极与基极短路，利用反偏的集电结制作齐纳二极管。

（四）只能制作小容量的电容

集成电路中电容元件是由半导体二极管 PN 结的结电容形成的，其大小也受基片面积的限制，只能制作几十皮法的小容量电容。

二、集成运放的典型结构

集成运放是一种多级放大电路，性能理想的运放应具有电压增益高、输入电阻大、输出电阻小、工作点漂移小等特点；与此同时，在电路的选择及构成形式上又要受到集成工艺条件的严格制约。因此，集成运放在电路设计上具有许多特点，主要有以下三点。

1. 级间采用直接耦合方式。
2. 尽可能用有源器件代替无源器件。
3. 利用对称结构改善电路性能。

20 世纪 60 年代至今，集成运放发展已经历了四代产品，类型和品种相当丰富，但在结构上基本一致，其内部通常包含四个基本组成部分：输入级、中间级、输出级以及偏置电路，如图 5-1 所示。

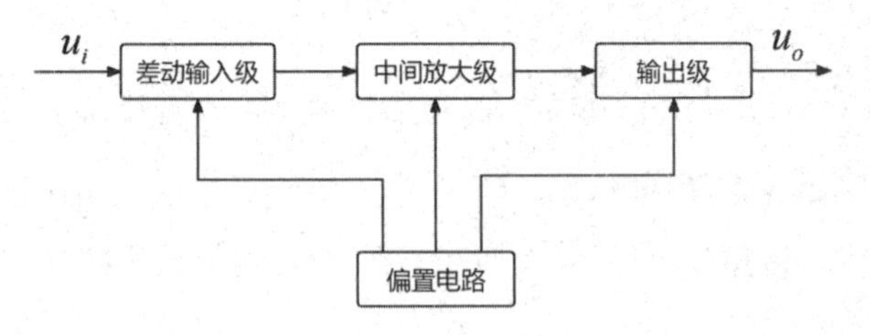

图 5-1　集成运算放大器的组成

（一）输入级

输入级又称前置级，是提高运算放大器质量的关键一级，输入级的好坏直接影响集成运放的大多数性能参数。故要求其输入电阻高、差模放大倍数大、抑制共模信号能力强、静态电流小。为了减小零点漂移和抑制共模干扰信号，输入级往往采用一个双端输入的差动放大电路，也称差动输入级。

（二）中间级

中间级是整个放大电路的主放大器，其作用是为集成运放提供足够大的电压放大倍数，故而也称电压放大级。中间级要求本身具有较高的电压增益，经常采用复合晶体管共射极放大电路，以恒流源作为集电极负载来提高放大能力，其电压放大倍数可达千倍以上。

（三）输出级

输出级的主要作用是输出足够的电流以满足负载的需要，同时还要有较低的输出电阻和较高的输入电阻，以起到将放大级和负载隔离的作用。输出级要求有较大的动态范围，通常采用互补推挽电路。

（四）偏置电路

偏置电路的作用是为各级提供合适的工作电流，并使整个运放的静态工作点稳定且功耗较小，一般由各种恒流源电路组成。

总之，集成运放是一种电压放大倍数高、输入电阻大、输出电阻小、零点漂移小、抗干扰能力强、可靠性高、体积小、耗电少的通用电子器件。

三、电压传输特性

集成运放的输出电压 u_o 与输入电压 $u_d(u_d = u_+ - u_-)$ 之间的关系 $u_o = f(u_d)$ 称为集成运放的电压传输特性，包括线性区和饱和区两部分，如图 5-2 所示。

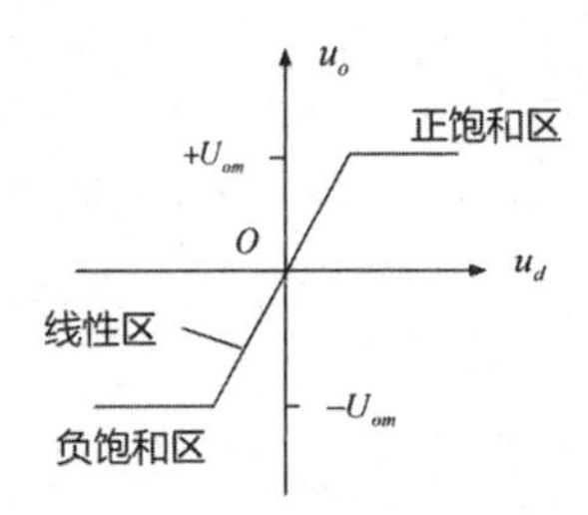

图 5-2　集成运算放大器的电压传输特性

在线性区内，u_o 与 u_d 成正比关系，即：

$$u_o = A_o u_d = A_o(u_+ - u_-) \tag{5-1}$$

式中：A_o 为开环电压增益，线性区的斜率取决于 A_o 的大小。由于受电源电压的限制，u_o 不可能随 u_d 的增加而无限增加，因此，当 u_o 增加到一定值后进入了正负饱和区。在正饱和区，$u_o = + U_{om} \approx + U_{CC}$，在负饱和区，$u_o = + U_{om} \approx + U_{EE}$。

集成运放在应用时，工作于线性区称为线性应用，工作于饱和区称为非线性应用。由于集成运放的 A_o 非常大，线性区很陡，即使输入电压很小，也很容易使输出达到饱和，而外部干扰等原因不可避免，若不引入深度负反馈，集成运放很难在线性区稳定工作。

四、集成运算放大器的主要性能参数

评价集成运放性能的参数很多，一般可分为输入直流误差特性、差模特性、共模特性、大信号特性和电源特性等，这里仅介绍几个主要参数，其他参数如需要时可查阅相关手册。

（一）输入失调电压 U_{IO}

一个理想的集成运放，当输入电压为零时，输出电压也应为零（不加调零装置）。但实际上它的差分输入级很难做到完全对称，故某种原因（如温度变化）使输入级的 Q 点稍有偏移，输入级的输出电压就会发生微小的变化，这种缓慢的微小变化会逐级放大使运放输出端产生较大的输出电压（常称为漂移），所以，通常在输入电压为零时，存在一定的输出电压。在室温（25℃）及标准电源电压下，输入电压为零时，为了使集成运放的输出电压为零，在输入端加的补偿电压叫作失调电压 U_{IO}。U_{IO} 的大小反映了运放制造中电路的对称程度和电位配合情况。U_{IO} 值越大，说明电路的对称程度越差，一般为±（1～10）mV。

（二）输入偏置电流 I_m

BJT 集成运放的两个输入端是差分对管的基极，因此，两个输入端总需要一定的输入电流 I_{BN} 和 I_{BP}。输入偏置电流是指集成运放两个输入端静态电流的平均值，即：

$$I_{IB} = \frac{I_{BN} + I_{BP}}{2} \tag{5-2}$$

从使用角度来看，偏置电流越小，由信号源内阻变化引起的输出电压变化也越小，故它是重要的技术指标，以 BJT 为输入级的运放一般为 10nA～1μA；采用 MOSFET 输入级运放的 I_m 在 pA 数量级。

（三）输入失调电流 I_{IO}

在 BJT 集成电路运放中，输入失调电流 I_{IO} 是指当输入电压为零时流入放大器两输入端的静态基极电流之差，即：

$$I_{IO} = |I_{BP} - I_{BN}|_{U_1=0} \tag{5-3}$$

由于信号源内阻的存在，I_{IO} 会引起一输入电压，破坏放大器的平衡，使放大器输出电压不为零。所以，希望 I_{IO} 越小越好，它反映了输入级差分对管的不对称程度，一般为 1nA ~0. 1μA。

（四）温度漂移

由于温度变化引起输出电压产生 ΔU_o（或电流 ΔI_o）的漂移，通常把温度升高 1℃输出漂移折合到输入端的等效漂移电压 $\Delta U_o/(A_U\Delta T)$（或电流 $\Delta I_o/(A_i\Delta T)$）作为温漂指标。集成运放的温度漂移是漂移的主要来源，而它又是由输入失调电压和输入失调电流随温度的漂移所引起的，故常用下面方式表示。

1. 输入失调电压温漂 $\Delta U_{IO}/\Delta T$

输入失调电压温漂 $\Delta U_{IO}/\Delta T$ 是指在规定温度范围内 U_{IO} 的温度系数，也是衡量电路温漂的重要指标。

2. 输入失调电流温漂 $\Delta I_{IO}/\Delta T$

输入失调电流温漂 $\Delta I_{IO}/\Delta T$ 是指在规定温度范围内 I_{IO} 的温度系数，也是对放大电路电流漂移的度量。

以上参数均是在标称电源电压、室温、零共模输入电压条件下定义的。

（五）开环差模电压增益 A_{uo} 和带宽 BW

1. 开环差模电压增益 A_{uo}

开环差模电压增益 A_{uo} 是指集成运放工作在线性区，在标称电源电压接规定的负载，无负反馈情况下的直流差模电压增益。

2. 开环带宽 $BW(f_H)$

开环带宽 BW 又称为-3dB 带宽，是指开环差模电压增益下降 3dB 时对应的频率 f_H。741 型集成运放频率响应的 f_H 约为 7Hz。

（六）差模输入电阻 r_{id} 和输出电阻 r_o

以 BJT 为输入级的运放 r_{id} 一般在几百千欧到数兆欧，MOSFET 为输入级的运放 $r_{id} > 10^{12}\Omega$。一般运放的 $r_o < 200\Omega$，而超高速 AD9610 的 $r_o = 0.05\Omega$。

（七）最大差模输入电压 U_{idmax}

最大差模输入电压 U_{idmax} 是指集成运放的反相和同相输入端之间所能承受的最大电压值。超过这个电压值，运放输入级某一侧的 BJT 将出现发射结的反向击穿，而使运放的性能显著恶化，甚至可以造成永久性损坏。

（八）共模抑制比 K_{CMR} 和共模输入电阻 r_{ic}

一般通用型运放 K_{CMR} 为（80～120）dB，高精度运放可达 140dB，r_{ic} ≥100MΩ。

（九）最大共模输入电压 U_{icmax}

最大共模输入电压 U_{icmax} 是指运放所能承受的最大共模输入电压。当超过 U_{icmax} 值时，运放的共模抑制比将显著下降。

（十）转换速率 S_R

转换速率 S_R 是指放大电路在闭环状态下，输入为大信号（例如，阶跃信号）时，放大电路输出电压对时间的最大变化速率，即：

$$S_R = \left.\frac{du_o(t)}{dt}\right|_{\max} \tag{5-4}$$

转换速率的大小与许多因素有关，其中主要是与运放所加的补偿电容，运放本身各级 BJT 的极间电容、杂散电容，以及放大电路提供的充电电流等因素有关。在输入大信号的瞬变过程中，输出电压只有在电路中的电容被充电后才随输入电压做线性变化，通常要求运放的 S_R 大于信号变化速率的绝对值。

根据性能和应用场合的不同，运放可分为通用型和专用型。通用型运放的各种指标比较均衡全面，适合一般工程的要求。为了满足一些特殊要求，目前制造出具有特殊功能的专用型运放，可分为高输入电阻、低漂移、低噪声、高精度、高速、宽带、低功耗、高压、大功率、仪用型、程控型和互导型等。随着集成电路制造工艺和电路设计技术的发展，集成运放正向超高精度、超高速、超宽带和多功能方向发展，新品种层出不穷，性能指标也有很大的提高。

五、集成运算放大器的选择

通常情况下，在设计集成运放应用电路时，没有必要研究运放的内部电路，而是根据设计需求寻找具有相应性能指标的芯片。因此，了解运放的类型，理解运放主要性能指标的物理意义，是正确选择运放的前提。应根据以下四方面的要求选择运放。

（一）信号源的性质

根据信号源是电压源还是电流源，内阻大小、输入信号的幅值及频率的变化范围等，选择运放的差模输入电阻 r_{id} 、−3dB 带宽（或单位增益带宽）、转换速率 S_R 等指标参数。

（二）负载的性质

根据负载电阻的大小，确定所须运放的输出电压和输出电流的幅值。对于容性负载或感性负载，还要考虑它们对频率参数的影响。

（三）精度要求

对模拟信号的处理，如放大、运算等，往往提出精度要求；如电压比较，往往提出响应时间和灵敏度要求。根据这些要求选择运放的开环差模增益 A_{od} 、失调电压 U_{IO} 、失调电流 I_{IO} 及转换速率 S_R 等指标参数。

（四）环境条件

根据环境温度的变化范围，可正确选择运放的失调电压及失调电流的温漂等参数；根据所能提供的电源（如有些情况只能用干电池）选择运放的电源电压；根据对能耗有无限制，选择运放的功耗；等等。

以上分析完成后，可通过查阅手册等手段选择某一型号的运放，必要时还可以通过各种 EDA 仿真软件进行仿真，最终确定满意的芯片。目前，各种专用运放和多方面性能俱佳的运放种类繁多，采用它们会大大提高电路的质量。不过，从性价比方面考虑，应尽量采用通用型运放，只有在通用型运放不满足应用要求时才采用特殊型运放。

第二节　负反馈放大电路与基本运算电路

一、负反馈放大电路

在放大电路中广泛采用各种类型的反馈。例如，为改善放大电路的工作性能而采用负反馈，在振荡电路中为使电路能够自激而采用正反馈。因此，在讨论集成运放的应用之前，先要介绍反馈的基本概念及其作用。

（一）反馈的概念

将放大电路输出量（电压或电流）的一部分或全部，通过某些元件或网络（称为反馈网络）反向送回到输入端的方式来影响原输入量（电压或电流）的过程称为反馈，而带有反馈的放大电路称为反馈放大电路。

任意一个反馈放大电路都可以表示为一个基本放大电路和反馈网络组成的闭环系统，其组成框图如图 5-3 所示。

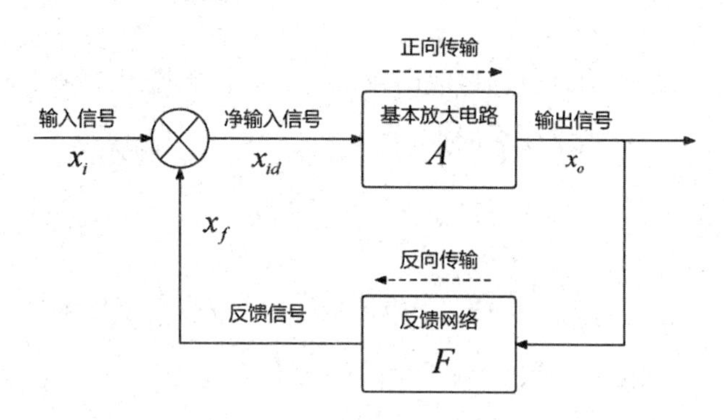

图 5-3　反馈放大电路的组成框图

图 5-3 中，x_i 、x_{id} 、x_f 、x_o 分别表示放大电路的输入信号、净输入信号、反馈信号和输出信号，它们可以是电压量，也可以是电流量。箭头表示信号的传递方向；比较环节说明反馈放大电路中的输入信号和反馈信号在输入端按一定极性比较后可得净输入信号，即差值信号 $x_{id} = x_i - x_i$ 。

反馈信号和输出信号之比定义为反馈系数 F 。反馈电路无放大作用，多为电阻和电容元件构成，其 F 值恒小于 1。

没有引入反馈时的基本放大电路叫作开环放大电路，其中的 A 表示基本放大电路的放大倍数，也称为开环放大倍数，它等于输出信号和净输入信号之比。

引入负反馈以后的放大电路叫作闭环放大电路，其放大倍数称为闭环放大倍数，记作 A ，它等于输出信号和输入信号之比。

由图 5-3 可得各信号量之间的基本关系式为：

$$x_{id} = x_i - x_f \tag{5-5}$$

$$A = \frac{x_o}{x_{id}} \tag{5-6}$$

$$F = \frac{x_f}{x_o} \tag{5-7}$$

$$A_f = \frac{x_o}{x_i} = \frac{x_o}{x_{id} + x_f} = \frac{A}{1 + AF} \tag{5-8}$$

式（5-8）表明，闭环放大倍数 A_f 是开环放大倍数 A 的 $1/(1+AF)$。其中：$(1+AF)$ 称为反馈深度，它的大小反映了反馈的强弱。乘积 AF 称为环路增益。

（二）反馈类型的判别方法

反馈电路是多种多样的，反馈可以存在于本级内部，也可以存在于级与级（或多级）之间。

1. 反馈类型的划分

（1）按照反馈信号极性的不同，反馈可以分为正反馈和负反馈。

正反馈：若引入的反馈信号 x_f 增强了外加输入信号的作用，使放大电路的净输入信号增加，促使放大电路的放大倍数增加，则为正反馈。正反馈主要用于振荡电路和信号产生电路。

负反馈：若引入的反馈信号 x_f 削弱了外加输入信号的作用，使放大电路的净输入信号减小，导致放大电路的放大倍数减小，则为负反馈。一般放大电路中经常引入负反馈来改善放大电路的性能指标。

（2）根据反馈信号性质的不同，可以分为交流反馈和直流反馈。

如果反馈信号是静态直流分量，则这种反馈称为直流反馈；如果反馈信号是动态交流分量，则这种反馈称为交流反馈。

（3）根据反馈在输出端的取样方式不同，可以分为电压反馈和电流反馈。

从输出端看，若反馈信号取自输出电压，且反馈信号正比于输出电压，则为电压反馈；若反馈取自输出电流，且反馈信号正比于输出电流，则为电流反馈。

（4）根据反馈在输入端连接方式的不同，可以分为串联反馈和并联反馈。

串联反馈：反馈信号 x_f 与输入信号 x_i 在输入回路中以电压的形式相加减，即在输入回路中彼此串联，则为串联反馈。

并联反馈：反馈信号 x_f 与输入信号 x_i 在输入回路中以电流的形式相加减，即在输入回路中彼此并联，则为并联反馈。

由于在放大电路中主要采用负反馈，所以在此只讨论负反馈。由以上所述可知负反馈组态有四种形式，即电压串联负反馈、电流串联负反馈、电压并联负反馈和电流并联负反馈。

2. 反馈在放大电路中的判别方法

（1）判定反馈的有无

只要在放大电路的输入和输出回路间存在起联系作用的元件（或电路网络）——反馈

元件（或反馈网络），那么该放大电路中必存在反馈。

（2）判定反馈的极性，采用瞬时极性法

常用电压瞬时极性法判定电路中引入反馈的极性，具体步骤如下。

①先假定放大电路的输入信号电压处于某一瞬时极性。如用“+”号表示该点电压的增大，用“-”号表示电压的减小。

②按照信号单向传输的方向，同时根据各级放大电路输出电压与输入电压的相位关系，确定电路中相关各点电压的瞬时极性。

③根据反送到输入端的反馈电压信号的瞬时极性，确定是增强还是削弱了原来输入信号的作用。如果是增强，则引入的为正反馈；反之，为负反馈。

判定反馈的极性时，一般有这样的结论：在放大电路的输入回路，输入信号电压 u_i 和反馈信号电压 u_f 相比较，当输入信号 u_i 和反馈信号 u_f 在同一端点时，如果引入的反馈信号 u_f 和输入信号 u_i 同极性，则为正反馈；若二者的极性相反，则为负反馈。当输入信号 u_i 和反馈信号 u_f 不在同一端点时，若引入的反馈信号 u_f 和输入信号 u_i 同极性，则为负反馈；若二者的极性相反，则为正反馈。

如果反馈放大电路是由单级运算放大器构成的，则反馈信号送回到反相输入端时，为负反馈；反馈信号送回到同相输入端时，为正反馈。

（3）判定反馈的交、直流性质

交流反馈和直流反馈的判定，可以通过画反馈放大电路的交、直流通路来完成。在直流通路中，如果反馈回路存在，则为直流反馈；在交流通路中，如果反馈回路存在，则为交流反馈；如果在交、直流通路中，反馈回路都存在，即为交、直流反馈。

（4）判定反馈的组态

①从反馈在输出端的取样方式看：判断电压反馈时，根据电压反馈的定义，反馈信号与输出电压成正比，可以假设将负载 R_L 两端短路（$u_o=0$，但 $i_o\neq0$），判断反馈量是否为零，如果是零，就是电压反馈，如图 5-4（a）所示。

电压反馈的重要特点是能稳定输出电压。无论反馈信号是以何种方式引回到输入端，实际上都是利用输出电压本身，通过反馈网络来对放大电路起自动调整作用，这是电压反馈的实质。

判断电流反馈时，根据电流反馈的定义，反馈信号与输出电流成正比，可以假设将负载 R_L 两端开路（$i_o=0$，但 $u_o\neq0$），判断反馈量是否为零，如果是零，就是电流反馈，如图 5-4（b）所示。

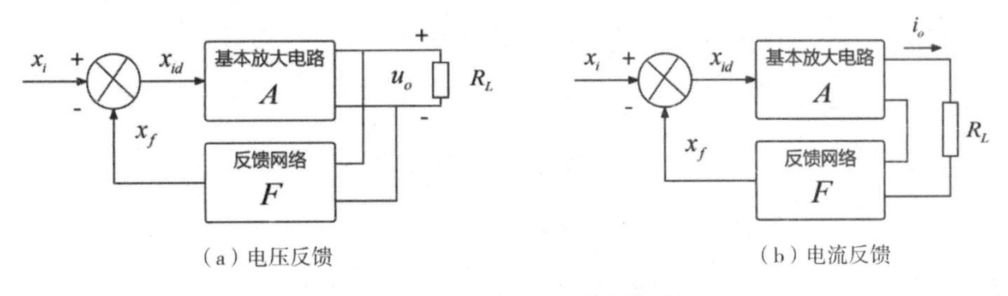

（a）电压反馈　　　（b）电流反馈

图 5-4　电压、电流反馈的判断

电流反馈的重要特点是能稳定输出电流。无论反馈信号是以何种方式引回到输入端，实际都是利用输出电流本身，通过反馈网络来对放大器起自动调整作用，这是电流反馈的实质。

由上述分析可知，判断电压反馈、电流反馈的简便方法是用负载短路法和负载开路法。由于输出信号只有电压和电流两种，输出端的取样不是取自输出电压便是输出电流，因此，利用其中一种方法就能判定。常用负载短路法判定。

②从反馈在输入端的连接方式看串联或并联反馈：如果输入信号 u_i 与反馈信号 u_f 分别在输入回路的不同端点，则为串联反馈；若输入信号 u_i 与反馈信号 u_f 在输入回路的相同端点，则为并联反馈。

（三）负反馈放大电路的四种组态

根据反馈在输出端的取样方式和输入端的连接方式不同，可以组成四种不同类型的负反馈电路，即电压串联负反馈、电压并联负反馈、电流串联负反馈和电流并联负反馈。

1. 电压串联负反馈

在负反馈放大电路中，反馈极性的判别采用瞬时极性法，反馈信号 u_f 削弱了净输入，即为负反馈；而采样点和输出电压在同端点，若将负载短路即输出电压 $u_o=0$ 时，反馈信号不存在，为电压反馈；从输入回路看，反馈信号与输入信号不在同端点，为串联反馈。因此，电路引入的反馈为电压串联负反馈。

引入电压串联负反馈后，可使电路输出电压稳定。其过程如下：

$$R_L\downarrow\to u_o\downarrow\to u_f\downarrow=\frac{R_1}{R_1+R_2}u_o\to u_{id}\uparrow\to u_o\uparrow \tag{5-9}$$

2. 电压并联负反馈

由运放构成的负反馈放大电路，反馈极性的判别采用瞬时极性法，反馈信号 i_f 削弱了净输入，即为负反馈；而采样点和输出电压在同端点，若将负载短路即输出电压 $u_o=0$ 时，反馈信号不存在，为电压反馈；从输入回路看，反馈信号与输入信号在同端点，为并联反馈。因此，电路引入的反馈为电压并联负反馈。

3. 电流串联负反馈

由运放构成的负反馈放大电路，反馈极性的判别采用瞬时极性法，反馈信号 u_f 削弱了净输入，即为负反馈；而采样点和输出电压不在同一端点，若将负载短路即输出电压 $u_o=0$ 时，反馈信号依然存在，为电流反馈；从输入回路看，反馈信号与输入信号不在同一端点，为串联反馈。因此，电路引入的反馈为电流串联负反馈。

引入电流串联负反馈后，可使输出电流稳定。其过程如下：

$$T\uparrow \rightarrow i_o\uparrow \rightarrow u_f\uparrow = R_1 i_o \rightarrow u_{id}\downarrow \rightarrow i_o\uparrow \tag{5-10}$$

4. 电流并联负反馈

由运放构成的负反馈放大电路，反馈极性的判别采用瞬时极性法，反馈信号 i_f 削弱了净输入，即为负反馈；若将负载短路即输出电压 $u_o=0$ 时，反馈信号依然存在，为电流反馈；从输入回路看，反馈信号与输入信号在同一端点，为并联反馈。因此，电路引入的反馈为电流并联负反馈。

（四）负反馈对放大电路性能的影响

对于负反馈放大电路，负反馈的引入会造成增益的下降，但放大电路的其他性能会得到改善，如提高放大倍数的稳定性、减小非线性失真、抑制噪声干扰、扩展通频带等。

1. 提高放大倍数的稳定性

可以证明，负反馈的引入使放大电路闭环增益的相对变化量为开环增益相对变化量的 $1/(1+AF)$，可表示为：

$$\frac{dA_f}{A_i} = \frac{1}{1+AF}\frac{dA}{A} \tag{5-11}$$

式（5-11）表明，负反馈放大电路的反馈越深，放大电路的增益也就越稳定。

综上所述，电压负反馈可使输出电压稳定，电流负反馈可使输出电流稳定，即在输入一定的情况下，可以维持放大电路增益的稳定。

2. 减小环路内的非线性失真

BJT 是一个非线性器件，放大电路在对信号进行放大时不可避免地会产生非线性失真。假设放大电路的输入信号为正弦信号，没有引入负反馈时，开环放大电路产生非线性失真，即输出信号的正半周幅度变大，而负半周幅度变小。

现在引入负反馈，假设反馈网络为不会引起失真的线性网络，则反馈回来的信号将反映输出信号的波形失真。当反馈信号在输入端与输入信号相比较时，使净输入信号 $x_{id}=x_i-x_f$ 的波形正半周幅度变小，而负半周幅度变大。再经基本放大电路放大后，输出信号趋于正、负半周对称，从而减小了非线性失真。

注意：引入负反馈减小的是环路内的失真。如果输入信号本身就有失真，此时引入负反馈则不起作用。

3. 抑制环路内的噪声和干扰

在反馈环内，放大电路本身产生的噪声和干扰信号，可以通过负反馈进行抑制，其原理与减小非线性失真的原理相同。但对反馈环外的噪声和干扰信号，引入负反馈也不能达到抑制目的。

4. 扩展频带

频率响应是放大电路的重要特性之一。在多级放大电路中，级数越多，增益越大，频带越窄。引入负反馈后，可有效扩展放大电路的通频带。

放大器引入负反馈以后，其下限频率降低，上限频率升高，通频带变宽。

二、基本运算电路

（一）理想运算放大器

理想运算放大器可以理解为实际运算放大器的理想化模型，就是将集成运放的各项技术指标理想化，得到一个理想的运算放大器。理想运算放大器的主要条件如下。

（1）开环电压放大倍数 $A_{od}\to\infty$ 。

（2）输入电阻 $r_{id}\to\infty$ 。

（3）输出电阻 $r_{od}\to 0$。

（4）共模抑制比 $K_{CMR}\to\infty$ 。

由于实际集成运放与理想集成运放比较接近，因此，在分析、计算应用电路时，用理想集成运放代替实际集成运放所带来的误差并不严重，在一般工程计算中是允许的。凡未特别说明，均将集成运放视为理想集成运放来考虑。

集成运算放大器外接深度负反馈电路后，便可构成信号的比例、加减、微分、积分等基本运算电路。它是运算放大器线性应用的一部分，而放大器线性应用的必要条件是引入深度负反馈。

当集成运放工作在线性区时，输出电压在有限值之间变化，而集成运放的 $A_{od}\to\infty$ ，

则 $u_{id}=u_{od}/A_{od}\approx 0$，可知输入信号的变化范围很小，由 $u_{id}=u_{+}-u_{-}$，得 $u_{+}\approx u_{-}$。说明，同相端和反相端电压几乎相等，所以称为虚假短路，简称“虚短”。

由于集成运放的输入电阻 $r_{id}\rightarrow\infty$，所以集成运放输入端不取用电流，得 $i_{+}=i_{-}\approx 0$。

说明：流入集成运放的同相端和反相端电流几乎为零，所以称为虚假断路，简称“虚断”。

“虚短”和“虚断”的概念是分析理想放大器在线性区工作的基本依据。运用这两个概念会使电路的分析计算大为简化，因此必须牢记。

（二）比例运算电路

将输入信号按比例放大的电路，称为比例运算电路。按输入信号加入输入端的不同又分为同相比例运算和反相比例运算。

1. 同相比例运算电路

输入信号 u_i 经过外接电阻 R' 接到集成运放的同相端，反相输入端经电阻 R_1 接地，反馈电阻 R_f 接在输出端与反相输入端之间，引入电压串联负反馈。可得：

$$u_{+}=u_{i},\ u_{i}\approx u_{-}=u_{o}\frac{R_{1}}{R_{i}+R_{f}} \tag{5-12}$$

所以：

$$A_{uf}=\frac{u_{o}}{u_{i}}=1+\frac{R_{f}}{R_{1}} \tag{5-13}$$

或：

$$u_{o}=\left(1+\frac{R_{i}}{R_{1}}\right)u_{i} \tag{5-14}$$

可见，u_o 与 u_i 成正比关系，且同相位。

由同相比例运算电路的分析可知，因为同相输入电路的两输入端电压相等且不为零（不存在“虚地”），故有共模输入电压存在，应当选用共模抑制比高的运算放大器。

在同相比例运算电路中，若将输出电压全部反馈到反相输入端，就构成了电压跟随器。即当 $R_f=0$ 或 $R_1\rightarrow\infty$ 时，则有：

$$u_{o}=\left(1+\frac{R_{f}}{R_{1}}\right)u_{i}=u_{i} \tag{5-15}$$

即输出电压与输入电压大小相等，相位相同，该电路被称为电压跟随器。

2. 反相比例运算电路

输入信号 u_i 经外接电阻 R_1 接到运放的反相输入端，反馈电阻 R_f 接在输出端与反相输入端之间，引入电压并联负反馈。同相输入端经平衡电阻 R' 接地，R' 的作用是保证运放输入级电路的对称性，从而消除偏置电流及其温漂的影响。为此，静态时运放同相端与反相端的对地等效电阻应该相等，即 $R' = R_1 // R_f$。由于 R' 中电流 $i_d = 0$，故 $u_- = u_+ = 0$。反相输入端虽然未直接接地，但其电位却为零，这种情况称为“虚地”。“虚地”是反相输入电路的共同特征。

根据“虚断”有 $i_i \approx i_f$，又因为 $i_1 = \dfrac{u_1}{R_1}$，$i_f = \dfrac{0 - u_o}{R_f} = -\dfrac{u_o}{R_f}$，所以 $\dfrac{u_1}{R_1} = -\dfrac{u_o}{R_f}$，即

$$A_{uf} = \frac{u_o}{u_i} = -\frac{R_f}{R_1} \tag{5-16}$$

或

$$u_0 = -\frac{R_f}{R_1} u_i \tag{5-17}$$

可见，输出电压与输入电压成正比，比值与运放本身的参数无关，只取决于外接电阻 R_1 和 R_f 的大小。比例系数的数值可以是大于、等于和小于 1 的任何值，且输出电压与输入电压相位相反。由于反相端和同相端对地电压都接近于 0，所以，运放输入端的共模输入电压极小，这是反相输入电路的特点。

当 $R_1 = R_f = R$ 时，$u_o = -\dfrac{R_f}{R_1} u_i = -u_i$，输入电压与输出电压大小相等，相位相反，称为反相器。

（三）加法运算电路

在自动控制电路中，往往需要将多个采样信号按一定的比例叠加起来输入放大电路中，这就需要用到加法运算电路。

两个输入信号 u_{i1}、u_{i2}（实际应用中可以根据需要增减输入信号的数量），分别经电阻 R_1、R_2 加在反相输入端；反馈电阻 R_1 引入深度电压并联负反馈；R' 为平衡电阻，$R' = R_f // R_1 // R_2$。

根据“虚断”的概念可得 $i_i \approx i_f$，其中 $i_i = i_1 + i_2$，根据“虚地”的概念可得 $i_1 = \dfrac{u_{i1}}{R_1}$，$i_2 = \dfrac{u_{i2}}{R_2}$，则有：

$$u_o = -R_f i_f = -R_f\left(\frac{u_{i1}}{R_1} + \frac{u_{i2}}{R_2}\right) \tag{5-18}$$

此时，实现了各信号按比例进行加法运算。若取 $R_1 = R_2 = R_f$，则：

$$u_o = -(u_{i1} + u_{i2}) \tag{5-19}$$

即实现了真正意义上的加法运算。但输入与输出信号反相。

（四）减法运算电路

从对比例运算电路和加法运算电路的分析可知，输出电压与同相输入端信号电压极性相同，与反相输入端信号电压极性相反，因而若多个信号同时作用于运放的两个输入端，就可实现减法运算。

根据叠加定理，首先令 $u_{i1} = 0$，u_{i2} 单独作用，电路成为反相比例运算电路，其输出电压为：

$$u_{o2} = -\frac{R_f}{R_1}u_{i2} \tag{5-20}$$

再令 $u_{i2} = 0$，u_{i1} 单独作用，电路成为同相比例运算电路，同相端电压为：

$$u_+ = \frac{R_3}{R_2 + R_3}u_{i1} \tag{5-21}$$

输出电压为：

$$u_{o1} = \left(1 + \frac{R_f}{R_1}\right)\left(\frac{R_3}{R_2 + R_3}\right)u_{i1} \tag{5-22}$$

则：

$$u_o = u_{o1} + u_{o2} = \left(1 + \frac{R_f}{R_1}\right)\left(\frac{R_3}{R_2 + R_3}\right)u_{i1} - \frac{R_f}{R_1}u_{i2} \tag{5-23}$$

当 $R_1 = R_2 = R_3 = R_f = R$ 时，$u_o = u_{i1} - u_{i2}$。在理想情况下，它的输出电压等于两个输入信号电压之差，具有很好的抑制共模信号的能力。但是，该电路作为差动放大器有输入电阻低和增益调节困难两大缺点。因此，为了满足输入阻抗和增益可调的要求，在工程上常采用多级运放组成的差动放大器来完成对差模信号的放大。

（五）积分和微分运算电路

积分运算和微分运算互为逆运算。在自控系统中，常用积分电路和微分电路作为调节环节。此外，它们还被广泛应用于波形的产生和变换，以及仪器仪表中。以集成运放作为放大电路，利用电容和电阻作为反馈网络，可以实现这两种运算电路。

1. 积分运算电路

积分运算电路可以完成对输入信号的积分运算，即输出电压与输入电压的积分成正比。这里介绍的是常用基本反相积分电路。电容 C 作为反馈元件引入电压并联负反馈，运放工作在线性区。

根据“虚地”的概念，$u_{-} \approx 0$，再根据“虚断”的概念，$i_{-} \approx 0$，则 $i_i = i_C$，即电容 C 以 $i_C = u_i/R$ 进行充电。设电容 C 的初始电压为零，那么：

$$u_o = -u_C = -\frac{1}{C}\int i_C dt = -\frac{1}{C}\int i_i dt \tag{5-24}$$

即：

$$u_o = -\frac{1}{RC}\int u_i dt \tag{5-25}$$

式（5-25）表明，输出电压与输入电压对时间的积分成正比，且相位相反。

当输入信号 u_i 为阶跃电压时，在它的作用下，电容器将以恒流方式进行充电，输出电压 u_o 与时间 t 呈近似线性关系。因此：

$$u_o \approx -\frac{U_I}{RC}t = -\frac{U_I}{\tau}t \tag{5-26}$$

式中，$\tau = RC$ 为积分时间常数。当 $t = \tau$ 时，$-U_o = U_I$，当 $t > \tau$ 时，u_o 增大，直到 $-u_o = +U_{om}$，即运放输出电压的最大值 U_{om} 受直流电源电压的限制，使运放进入饱和状态，u_o 保持不变，而停止积分。

当输入信号为矩形波时，积分电路可将矩形波变成三角波输出。积分电路在自动控制系统中用以延缓过渡过程的冲击，使被控制的电动机外加电压缓慢上升，避免其机械转矩猛增，造成传动机械损坏。积分电路还常用来做显示器的扫描电路，以及模/数转换器、数学模拟运算等。

在实用电路中，为了防止低频信号增益过大，常在电容上并联一个电阻，利用并联电阻引入直流负反馈来限制增益。

2. 微分运算电路

将积分运算电路中的 R 和 C 互换，就可得到微分运算电路。微分是积分的逆运算，其输出电压与输入电压的微分成正比。

根据理想运放特性可知：

$$u_C = u_i \tag{5-27}$$

$$i_C = C\frac{du_C}{dt} = C\frac{du_i}{dt} = i_R \tag{5-28}$$

故得输出电压 u_o 与输入电压 u_i 的关系为：

$$u_o = -Ri_R = -RC\frac{du_i}{dt} \tag{5-29}$$

式（5-29）表明，输出电压与输入电压对时间的微分成正比，且相位相反。

微分电路的波形变换中，可将矩形波变成尖脉冲输出。微分电路在自动控制系统中可用作加速环节，例如，电动机出现短路故障时，加速环节起加速保护作用，可迅速降低电动机的供电电压。

基本微分电路由于对输入信号中的快速变化分量敏感，所以，它对输入信号中的高频干扰和噪声成分十分敏感，从而使电路性能下降。所以，实用微分电路中，通常在输入回路中串联一个小电阻，但这将会影响微分电路的精度，故要求所串联的电阻一定要小。

第三节　电压比较器与 RC 正弦波振荡电路

一、电压比较器

电压比较器是一种常见的模拟信号处理电路，它将一个模拟输入电压与一个参考电压进行比较，并由输出端的高电平或低电平来表示比较结果。这个高、低电平即为数字量。所以，电压比较器可作为模拟电路和数字电路的“接口”，实现模/数转换。另外，利用集成运放组成的波形发生电路（如方波、三角波、锯齿波等）都是以电压比较器为基本单元电路的，电压比较器还广泛应用于信号处理和检测电路等。采用集成运算放大器可以构成电压比较器，也可采用专用的单片集成电压比较器。

电压比较器是运算放大器工作在非线性区的典型应用。从电路构成上看，此时运放工作在开环状态或加入正反馈的情况下。根据比较器的传输特性不同，电压比较器可分为单门限电压比较器、滞回电压比较器及窗口电压比较器。

（一）单门限电压比较器

单门限电压比较器是指只有一个门限电压的比较器。U_{REF} 是参考电压，加在运放的反相输入端，输入信号 u_i 加在运放的同相输入端，构成同相输入的单门限电压比较器（也可以将 U_{REF} 和 u_i 输入端的位置互换，构成反相输入的单门限电压比较器）。

比较器中的运放工作在开环状态时，由于开环电压放大倍数很高，即使输入端只有一个很小的差值信号，也会使输出电压饱和。因此，构成电压比较器的运放工作在饱和区，即非线性区。当 $u_i < U_{REF}$ 时，$u_o = U_{OL}$（负饱和电压）；当 $u_i > U_{REF}$ 时，$u_o = U_{OH}$（正饱和电压）。

电压比较器的输出电压发生跳变时，对应的输入电压通常称为阈值电压或门限电压，

用 U_{TH} 表示。可得，该电路只有一个门限电压，其值 $U_{TH}=U_{REF}$。

若 $U_{REF}=0$，即运放同相输入端接地，这种单门限比较器也称为过零比较器。显然，过零比较器的阈值电压 $U_{TH}=0$。利用过零比较器可以将正弦波转变为方波。

同相输入的电压比较器与反相输入的电压比较器的传输特性对应输出电压的跳变方向是不同的。同相输入的电压比较器针对阈值电压而言，$u_i<U_{TH}$，$u_o=U_{OL}$（负饱和电压）；$u_i>U_{TH}$，$u_o=U_{OH}$（正饱和电压）。即输入电压在从小到大变化的过程中，输出电压由低电平向高电平跳变；反之，输出电压由高电平向低电平跳变。而对反相输入的电压比较器而言，$u_i<U_{TH}$，$u_o=U_{OH}$（正饱和电压）；$u_i>U_{TH}$，$u_o=U_{OL}$（负饱和电压）。即输入电压在从小到大变化的过程中，输出电压由高电平向低电平跳变；反之，输出电压由低电平向高电平跳变。

（二）滞回电压比较器

单门限电压比较器电路简单，灵敏度高，但抗干扰能力差。如果输入电压受到干扰或噪声的影响在门限电平上下波动，则输出电压将在高、低两个电平之间反复跳变。若用此输出电压控制电机等设备，将出现误操作。为解决这一问题，常采用滞回电压比较器。

滞回电压比较器通过引入上、下两个门限电压，从而获得正确、稳定的输出电压。在电路构成上以单门限电压比较器为基础，增加了正反馈电阻 R_2 和 R_f，使它的电压传输特性呈现滞回性。该电路中的两个稳压管将比较器的输出电压稳定在 $+U_z$ 和 $-U_z$ 之间。

当输出电压为 $+U_z$ 时，对应运放的同相端电压称为上门限电压，用 U_{TH1} 表示，则有：

$$U_{TH1}=u_+=U_{REF}\frac{R_f}{R_f+R_2}+U_Z\frac{R_2}{R_f+R_2} \tag{5-30}$$

当输出电压为 $-U_z$ 时，对应运放的同相端电压称为下门限电压，用 U_{TH2} 表示，则有：

$$U_{TH2}=u_+=U_{REF}\frac{R_f}{R_f+R_2}-U_Z\frac{R_2}{R_f+R_2} \tag{5-31}$$

通过式（5-30）和式（5-31）可以看出，上门限电压 U_{TH1} 的值比下门限电压 U_{TH2} 的值大。

从滞回电压比较器的传输特性可见，当输入信号 u_i 从小于或等于零开始增加时，电路输出为 $+U_z$，此时运放同相端对地电压为 U_{TH1}。u_i 增至刚超过 U_{TH1} 时，电路翻转，输出跳变为 $-U_z$，此时运放同相端对地电压变为 U_{TH2}。u_i 继续增加时，输出保持 $-U_z$ 不变。

若 u_i 从最大值开始减小，当减到上门限电压 U_{TH1} 时，输出并不翻转，只有减小到略小于下门限电压 U_{TH2} 时，电路才发生翻转，输出变为 $+U_z$。

由以上分析可以看出，该比较器的电压传输特性具有滞回特性。其上门限电压 U_{TH1} 与

下门限电压 U_{TH2} 之差称为回差电压，用 ΔU_{TH} 表示，即：

$$\Delta U_{TH} = U_{TH1} - U_{TH2} = 2U_Z \frac{R_2}{R_f + R_2} \tag{5-32}$$

滞回电压比较器用于控制系统时的主要优点是抗干扰能力强。当输入信号受干扰或噪声的影响而上下波动时，只要根据干扰或噪声电平适当调整滞回电压比较器两个门限电压 U_{TH1} 和 U_{TH2} 的值，就可以避免比较器的输出电压在高、低电平之间反复跳变。

（三）窗口电压比较器

窗口电压比较器电路由两个单门限电压比较器、二极管、稳压管和电阻构成。其中，比较器 A_1 的参考电压等于 U_{RH}，比较器 A_2 的参考电压等于 U_{RL}，且设 $U_{RH} > U_{RL} > 0$。若两个电压比较器的参数一致、特性对称，稳压管 VD_z 的稳定电压值等于 U_z。则其工作原理为：

当 $u_i > U_{RH}$ 时，$u_{o1} = U_{OH}$，$u_{o2} = U_{OL}$，VD_1 导通，VD_2 截止，$u_o = + U_Z$；

当 $u_i < U_{RL}$ 时，$u_{o1} = U_{OL}$，$u_{o2} = U_{OH}$，VD_1 截止，VD_2 导通，$u_o = + U_Z$；

当 $U_{RL} < u_i < U_{RH}$ 时，$u_{o1} = u_{o2} = U_{OL}$，VD_1、VD_2 均截止，$u_o = 0$。

由此可得，该比较器有两个阈值，传输特性呈现窗口状，故称为窗口电压比较器。

窗口电压比较器可用于检测输入信号的电平是否处于两个给定的参考电压之间。通过以上三种电压比较器的分析，可以得出以下结论。

（1）在电压比较器中，集成运放工作在非线性区，输出电压只有高电平和低电平两种可能的情况。

（2）通常用电压传输特性来描述输出电压与输入电压之间的关系。

（3）电压传输特性的三个要素是输出电压的高、低电平，阈值电压和输出电压的跳变方向。输出电压的高、低电平由输出端限幅电路决定；当 $u_+ = u_-$ 时所求出的输入电压 u_i 就是阈值电压；u_i 等于阈值电压时输出电压的跳变方向决定于输入电压作用在同相输入端还是反相输入端。

二、RC 正弦波振荡电路

信号产生电路是一种不需要外接输入信号，就能够产生特定频率和幅值交流信号的波形发生电路，也叫自激振荡电路。按输出信号波形的不同可分为两大类，即正弦波振荡电路和非正弦波振荡电路，而正弦波振荡电路根据选频网络组成元件的不同分为 RC 振荡电路、LC 振荡电路和石英晶体振荡电路；非正弦波振荡电路按照产生信号的形式又可分为方波、三角波和锯齿波振荡电路。非正弦波振荡电路都是以电压比较器作为基本单元电路的。

这里主要介绍自激振荡形成的条件、RC 振荡电路的组成及工作原理。

信号产生电路的基本构成是在放大电路中引入正反馈来产生稳定的振荡，输出的交流信号是由直流电源的能量转换而来的。

（一）正弦波振荡电路的基本原理

1. 自激振荡形成的条件

扩音系统在使用中有时会发出刺耳的啸叫声。

扬声器发出的声音传入话筒，话筒将声音转化为电信号，送给扩音机放大，再由扬声器将放大了的电信号转化为声音，声音又返送回话筒，形成正反馈，如此反复循环，就产生了自激振荡啸叫。显然，自激振荡是扩音系统应该避免的，而信号发生器正是利用自激振荡的原理来产生正弦波的。

所以，自激振荡电路是一个没有输入信号的正反馈放大电路。

自激振荡形成的基本条件是反馈信号与输入信号大小相等、相位相同，即 $\dot{U}_f = \dot{U}_i$，此式可变形为 $\dot{U}_f = \frac{\dot{U}_o}{\dot{U}_i}\frac{\dot{U}_f}{\dot{U}_o}\dot{U}_i = \dot{A}\dot{F}_i$，故可得：

$$\dot{A}\dot{F} = 1 \tag{5-33}$$

式（5-33）包含以下两层含义。

①反馈信号与输入信号大小相等，用 $|\dot{U}_f| = |\dot{U}_i|$ 的关系表示，即：

$$|\dot{A}\dot{F}| = 1 \tag{5-34}$$

称为幅度平衡条件。

②反馈信号与输入信号相位相同，表示输入信号经过放大电路产生的相移 φ_A 和反馈网络产生的相移 φ_F 之和为 2π 的整数倍，即：

$$\varphi_A + \varphi_F = 2n\pi(n = 0,\ 1,\ 2,\ 3,\ \cdots) \tag{5-35}$$

称为相位平衡条件。

2. 正弦波振荡的形成过程

当放大电路在接通电源的瞬间，随着电源电压由零开始突然增大，电路受到扰动在放大电路的输入端产生一个微弱的扰动电压 u_i，这个扰动电压包括从低频到甚高频的各种频率的谐波成分。u_i 经放大器放大、正反馈，再放大、再反馈……如此反复循环，输出信号的幅度增加很快。为了能得到所需频率的正弦波信号，必须增加选频网络，只有在选频网络中心频率上的信号能通过，其他频率的信号被抑制。这样，在输出端就会得到起振波形。

那么，振荡电路在起振以后，振荡幅度会不会一直增长下去呢？这就需要增加稳幅环节，当振荡电路的输出达到一定幅度后，稳幅环节就会使输出减小，维持一个相对稳定的稳幅振荡。也就是说，在振荡建立的初期，必须使反馈信号大于原输入信号，反馈信号一次比一次大，才能使振荡幅度逐渐增大；当振荡建立后，还必须使反馈信号等于原输入信号，才能使建立的振荡得以维持下去。

由上述分析可知，起振条件应为：

$$|\dot{A}\dot{F}| > 1 \tag{5-36}$$

稳幅后的幅度平衡条件为：

$$|\dot{A}\dot{F}| = 1 \tag{5-37}$$

3. 振荡电路的组成

要形成振荡，电路中必须包含以下组成部分。

①放大器。

②正反馈网络。

③选频网络。

④稳幅环节。

根据选频网络组成元件的不同，正弦波振荡电路通常可分为RC振荡电路、LC振荡电路和石英晶体振荡电路。

4. 振荡电路的分析方法

①检查电路是否具有振荡电路的四个组成部分。

②分析放大电路的静态偏置是否能保证放大电路正常工作。

③分析放大电路的交流通路是否能正常放大交流信号。

④检查电路是否满足相位平衡条件和幅度平衡条件。

（二）常用的RC正弦波振荡电路

RC正弦波振荡电路结构简单、性能可靠，可用来产生1Hz～1MHz的低频信号。常用的RC振荡电路有RC桥式振荡电路和移相式振荡电路。这里只介绍由RC串并联网络构成的桥式振荡电路。

1. RC 串并联网络的选频特性

RC 串并联网络由 R_2 和 C_2 并联后与 R_1 和 C_1 串联组成。

设 R_1 和 C_1 的串联阻抗用 Z_1 表示，R_2 和 C_2 的并联阻抗用 Z_2 表示，那么：

$$Z_1 = R_1 + \frac{1}{j\omega C_1},\ Z_2 = \frac{R_2}{1 + j\omega R_2 C_2} \tag{5-38}$$

输入电压 $\dot{U}_1$ 加在 Z_1 与 Z_2 串联网络的两端，输出电压 $\dot{U}_2$ 从 Z_2 两端取出。将输出电压 $\dot{U}_2$ 与输入电压 $\dot{U}_1$ 之比作为 RC 串并联网络的传输系数，记为 $\dot{F}$，那么：

$$\dot{F} = \frac{\dot{U}_2}{\dot{U}_1} = \frac{Z_2}{Z_1 + Z_2} \tag{5-39}$$

在实际电路中，通常取 $R_1 = R_2 = R$，$C_1 = C_2 = C$，令 $\omega_0 = \frac{1}{RC}$，故由数学推导得：

$$\dot{F} = \frac{1}{3 + j\left(\omega RC - \frac{1}{\omega RC}\right)} = \frac{1}{3 + j\left(\frac{\omega}{\omega_0} - \frac{\omega_0}{\omega}\right)} \tag{5-40}$$

幅频特性为：

$$F = \frac{1}{\sqrt{3^2 + \left(\frac{\omega}{\omega_0} - \frac{\omega_0}{\omega}\right)^2}} \tag{5-41}$$

相频特性为：

$$\varphi_F = - \arctan \frac{1}{3}\left(\frac{\omega}{\omega_0} - \frac{\omega_0}{\omega}\right) \tag{5-42}$$

设输入电压 $\dot{U}_1$ 为振幅恒定、频率可调的正弦信号。由式（5-41）和式（5-42）可知：

当 $\omega \ll \omega_0$ 时，传输系数 $\dot{F}$ 的模值 $F \to 0$，相角 $\varphi_F \to +90^\circ$；

当 $\omega \gg \omega_0$ 时，传输系数 $\dot{F}$ 的模值 $F \to 0$，相角 $\varphi_F \to +90^\circ$；

当 $\omega = \omega_0$ 时，传输系数 $\dot{F}$ 的模值 $F = 1/3$，且为最大，相角 $\varphi_F = 0$。

由此可以看出，ω 在整个增大的过程中，F 的值先从 0 逐渐增大，然后又逐渐减小到 0。其相角也从+90°逐渐减小经过 0°直至-90°。

可见，RC 串并联网络满足条件：

$$\omega = \omega_0 = \frac{1}{RC} \tag{5-43}$$

即：

$$f = f_0 = \frac{\omega_0}{2\pi} = \frac{1}{2\pi RC} \tag{5-44}$$

此时，输出幅度最大，而且输出电压与输入电压同相，即相位移为0°，所以，RC串并联网络具有选频特性。

2. RC桥式振荡电路

将RC串并联选频网络和放大器结合起来即可构成RC振荡电路，放大器件可采用集成运算放大器，也可采用分离元件构成。由集成运算放大器构成的RC桥式振荡电路中，RC串并联选频网络接在运算放大器的输出端和同相输入端之间，构成正反馈；R_f和R_1接在运算放大器的输出端和反相输入端之间，构成负反馈。正反馈电路与负反馈电路构成一个文氏电桥，运算放大器的输入端和输出端分别跨接在电桥的对角线上，形成四臂电桥。所以，把这种振荡电路称为RC桥式振荡电路。

由集成运放组成的一个同相放大器，它的输出电压u_o作为RC串并联网络的输入电压，而将RC串并联网络的输出电压作为放大器的输入电压。当$f = f_0$时，RC串并联网络的相位移为零，放大器是同相放大器，故电路的总相位移是零，满足相位平衡条件。而对于其他频率的信号，RC串并联网络的相位移不为零，不满足相位平衡条件。由于RC串并联网络在$f = f_0$时的传输系数$F = 1/3$，因此，要求放大器的总电压增益A_u应大于3，这对于集成运放组成的同相放大器来说是很容易满足的。

又知，同相输入比例运算放大电路的电压增益为：

$$A_u = 1 + \frac{R_f}{R_1} \tag{5-45}$$

只要选择合适的R_f和R_1的比值，就能满足A_u大于3的要求。

为控制输出电压幅度在起振以后不再增加，可在放大电路的负反馈回路里采用非线性元件来自动调整反馈的强弱，以维持输出电压恒定。非线性元件一般可采用热敏电阻、二极管及场效应管。它们稳幅的原理这里不再赘述。

由集成运算放大器构成的RC桥式振荡电路具有性能稳定、电路简单等优点。其振荡频率由RC串并联正反馈选频网络的参数决定，即：

$$f_0 = \frac{1}{2\pi RC} \tag{5-46}$$

第六章 逻辑门电路及组合逻辑电路

第一节 逻辑代数及逻辑门电路

一、逻辑代数基本概念

19 世纪 40 年代，英国数学家乔治·布尔（George Boole）首先提出了描述客观事物逻辑关系的数学方法——布尔代数。后来，由于布尔代数被广泛地应用于开关电路和数字逻辑电路的分析和设计上，所以也把布尔代数称作开关代数或逻辑代数。逻辑代数是分析和设计数字逻辑电路的数学工具。

（一）逻辑常量和逻辑变量

逻辑代数最基本的逻辑常量是 0 和 1，一般用来代表两种逻辑状态，如电平的高和低、电流的有和无、灯的亮和灭、开关的闭合和断开等。在后续的章节中，还会见到其他逻辑常量，如高阻“z”、未知“x”等。其中的未知“x”也只有 0 和 1 两种值选择，只是人们不知道它是 0 还是 1 罢了。

逻辑代数中的逻辑变量由字母或字母加数字组成，分为原变量和反变量两种表示形式。原变量的名称上没有加“-”（非）号，例如，A、B、C、A_1 是原变量。反变量的名称上加有“-”号，例如，$\overline{A}$、$\overline{B}$、$\overline{C}$、$\overline{A_1}$ 是反变量。原变量和反变量都是用来存放逻辑常量的，但原变量中的值与反变量中的值总是相反的，若 A 中的值是 1，则 $\overline{A}$ 中的值为 0，反之亦然。一般把 A 和 $\overline{A}$ 之间的关系称为互非或互补。

（二）基本逻辑和复合逻辑

1. 基本逻辑

逻辑代数中的基本逻辑有“与、或、非”三种。

（1）与逻辑

“与逻辑”的概念可以用指示灯控制电路来说明，在此电路中，只有当两个开关 A 、B 同时闭合时，指示灯 P 才会亮。电路的功能表明，只有决定事物结果的全部条件同时具备时，结果才发生。这种因果关系叫作“逻辑与”。

在逻辑代数中，可以用真值表、逻辑函数表达式和逻辑符号来表示各种逻辑关系。若用 A 、B 作为输入变量来表示开关，用符号 1 表示开关闭合，用 0 表示开关断开；用 P 作为输出变量表示灯，用 1 表示灯亮，用 0 表示灯灭，则可以列出用 0、1 表示的与逻辑关系的图表，如表 6-1 所示，这种图表称为真值表。

表 6-1　与逻辑的真值表

A	B	P
0	0	0
0	1	0
1	0	0
1	1	1

在逻辑代数中，可以用运算符号把各种逻辑输出与输入之间的关系连接起来，形成逻辑函数表达式。与逻辑的运算符号是“·”，因此，与逻辑也称为逻辑乘，A 和 B 进行逻辑乘运算时可以写成

$$P = A \times B \tag{6-1}$$

逻辑乘运算符号在书写中可以省略，因此与逻辑表达式也可以写成 $P = AB$ 。由表 6-1 中可以看出，与逻辑的运算规则是：

$$0\times0=0$$

$$1\times0=0$$

$$0\times1=0$$

$$1\times1=1$$

与逻辑的运算规则：只有全部输入为 1 时输出才为 1，否则输出为 0。

（2）或逻辑

“或逻辑”的概念也可以由指示灯的控制电路来说明，在这一电路中，只要两个开关 A 、B 中的任何一个闭合，指示灯 P 就会亮。电路的功能表明，在决定事物结果的诸多条件中只要有任何一个满足，结果就会发生，这种因果关系叫作“逻辑或”。

或逻辑的真值表如表 6-2 所示。或逻辑的运算符号是“+”，因此，或逻辑也称为逻辑加。A 和 B 进行逻辑加运算时可以写成：

$$P = A + B \tag{6-2}$$

表 6-2　或逻辑的真值表

A	B	P
0	0	0
0	1	1
1	0	1
1	1	1

由表 6-2 可知，或逻辑的运算规则是：

$$0+0=0$$

$$1+0=1$$

$$0+1=1$$

$$1+1=1$$

或逻辑的运算规则：只有全部输入为 0 时输出才为 0，否则输出为 1。

（3）非逻辑

“非逻辑”的概念同样可以由一个指示灯的控制电路来说明，在此电路中，开关 A 闭合时，指示灯 P 不会亮，开关断开时，灯反而亮。电路的功能表明，只要条件具备了，结果便不会发生，而条件不具备时，结果一定会发生，这种因果关系叫作“逻辑非”。

非逻辑的真值表如表 6-3 所示。非逻辑的运算符号是“ – ”，因此，非逻辑也称为逻辑反，对 A 进行逻辑非运算时可以写成：

$$P=\overline{A} \tag{6-3}$$

表 6-3　非逻辑的真值表

A	P
0	1
1	0

由表 6-3 可知，非逻辑的运算规则是：

$$\overline{0}=1$$

$$\overline{1}=0$$

2. 复合逻辑

实际的逻辑问题往往比“与、或、非”基本逻辑复杂，不过它们都可以用“与、或、非”组合成的复合逻辑来实现。常用的复合逻辑有“与非、或非、与或非、异或、同或”等。

(1) 与非逻辑

与非逻辑的逻辑真值表如表 6-4 所示。由表 6-4 可见，与非逻辑是将 A 、B 进行与运算，然后将其结果求反得到的，因此，可以把与非运算看作是与运算和非运算的组合。A 、B 与非运算的表达式为：

$$P = \overline{AB} \tag{6-4}$$

表 6-4　与非逻辑的真值表

A	B	P
0	0	1
0	1	1
1	0	1
1	1	0

与非逻辑运算规则：只有全部输入都为 1 时输出才为 0，否则输出为 1。

(2) 或非逻辑

或非逻辑的逻辑真值表如表 6-5 所示。由此表可见，或非逻辑是将 A 、B 进行或运算，然后将其结果求反得到的，因此，可以把或非运算看作是或运算和非运算的组合。A 、B 或非运算的表达式为：

$$P = \overline{A + B} \tag{6-5}$$

表 6-5　或非逻辑的真值表

A	B	P
0	0	1
0	1	0
1	0	0
1	1	0

或非逻辑运算规则：只有全部输入为 0 时输出才为 1，否则输出为 0。

(3) 与或非逻辑

在与或非逻辑中，A 、B 之间以及 C 、D 之间都是与关系，然后把它们与的结果进行或运算，最后再进行非运算，即得到 A 、B 与 C 、D 的与或非运算结果。因此，可以把与或非运算看作是与运算、或运算和非运算的组合。A 、B 与 C 、D 的与或非运算的表达式为：

$$P = \overline{AB + CD} \tag{6-6}$$

(4) 异或逻辑

异或逻辑的逻辑真值表如表6-6所示。异或逻辑的关系：当A、B不同时，输出$P=1$；当A、B相同时，输出$P=0$。“$\oplus$”是异或运算符号。异或运算也是与、或、非运算的组合，其逻辑表达式为：

$$P=A\oplus B=A\overline{B}+\overline{A}B \tag{6-7}$$

表6-6　异或逻辑的真值表

A	B	P
0	0	0
0	1	1
1	0	1
1	1	0

由表6-6可知，异或运算的规则是：

$$0\oplus 0=0$$

$$1\oplus 0=1$$

$$0\oplus 1=1$$

$$1\oplus 1=0$$

(5) 同或逻辑

同或逻辑的逻辑真值表如表6-7所示。同或逻辑的关系：当A、B相同时，输出$P=1$；当A、B不同时，输出$P=0$。“$\odot$”是同或运算符号。同或逻辑的逻辑表达式为：

$$P=A\odot B=\overline{A}\cdot\overline{B}+A\cdot B \tag{6-8}$$

表6-7　同或逻辑的真值表

A	B	P
0	0	1
0	1	0
1	0	0
1	1	1

由表6-7可知，同或运算的规则是：

$$0\odot 0=1$$

$$1\odot 0=0$$

$$0\odot 1=0$$

$$1\odot 1=1$$

由异或运算和同或运算的结果可以看出，异或运算与同或运算的结果相反，因此，同或是异或的反函数，同理，异或也是同或的反函数。

（三）逻辑函数的表示方法

从上面讲述的各种逻辑关系中可以看到，如果以逻辑变量作为输入，以运算结果作为输出，那么当输入变量的取值确定之后，输出的取值便随之确定。因此，输出与输入之间是一种函数关系，这种函数关系称为逻辑函数，写作：

$$P=F(A,\ B,\ C,\ \cdots) \tag{6-9}$$

其中，P 表示输出，A，B，C，……是输入变量，这是一种以表达式形式表示逻辑函数的方法。由于逻辑函数的输入变量和输出的取值只有 0 和 1 两种，所以，把它称为二值逻辑函数。

在数字电路中，除了逻辑函数表达式以外，还可以用真值表、卡诺图和逻辑图来表示逻辑函数。

1. 真值表和逻辑函数表达式

真值表是用 0 和 1 表示输出和输入之间全部关系的表格。一个具体的因果关系一般都可以用真值表来表示，通过真值表还可以推导出这个因果关系的逻辑函数表达式。下面介绍建立因果关系的真值表和推导逻辑函数表达式的方法。

（1）最小项推导法

最小项推导法是把使输出为 1 的输入组合写成乘积项的形式，其中：取值为 1 的输入用原变量表示，取值为 0 的输入用反变量表示，然后把这些乘积项加起来。这种表达式称为标准与或式（积之和式），也称为最小项表达式。

（2）最大项推导法

最大项推导法是把使输出为 0 的输入组合写成和项的形式，其中：取值为 0 的输入用原变量表示，取值为 1 的输入用反变量表示，然后把这些和项乘起来。这种表达式称为标准或与式（和之积式），也称为最大项表达式。

2. 逻辑函数表达式和逻辑图

任何一个具体的因果关系都可以用逻辑函数表达式来表示，逻辑函数表达式包含与、或、非基本逻辑运算以及复合逻辑运算，而且每一种逻辑运算都有对应的逻辑符号，逻辑图就是用逻辑符号实现逻辑函数表达式中的各种运算而画出的部件图，也称为电路原理图。逻辑图是一种逻辑函数的表示方法，它是在数字电路设计时画出的设计图纸，在传统设计中，依靠逻辑图来搭建实际的硬件电路，而在电子设计自动化中，可以直接把原理图转换为硬件设计结果。

由逻辑函数表达式画出对应的逻辑图时，应遵守“先括号，然后乘，最后加”的运算优先次序，即先用逻辑符号（与逻辑或者或逻辑）表示括号内的逻辑运算，其次用与逻辑符号表示与运算，最后用或逻辑符号表示或运算。同时，优先级越高的运算对应的逻辑符号越靠近输入端，优先级越低的运算越靠近输出端。

二、逻辑函数的表达式

逻辑函数的表达式可以分为常用表达式和标准表达式两类。

（一）逻辑函数常用表达式

逻辑函数的常用表达式包括与或式、与非与非式、或与式、或非或非式和与或非式。

1. 与或式

与或式的特点是先与运算后或运算。例如：

$$F = AB + CD \tag{6-10}$$

与或式用与逻辑和或逻辑实现。

2. 与非与非式

与非与非式是由与或式按还原律两次取反后，再用德·摩根定律展开得到的。例如：

$$F = AB + CD = \overline{\overline{AB + CD}} = \overline{\overline{AB} \cdot \overline{CD}} \tag{6-11}$$

与非与非式全部用与非逻辑实现，它是逻辑电路传统设计中最常用的表达式。

3. 或与式

或与式的特点是先或运算后与运算。例如：

$$F = (A + B)(C + D) \tag{6-12}$$

或与式用或逻辑和与逻辑实现。

4. 或非或非式

或非或非式是由或与式按还原律两次取反后，再用德·摩根定律展开得到的。例如：

$$F = (A + B)(C + D) == \overline{\overline{(A + B)(C + D)}} = \overline{\overline{A + B} + \overline{C + D}} \tag{6-13}$$

或非或非式全部用或非逻辑实现，这也是传统设计中常见的一种形式。

5. 与或非式

与或非式的格式如下：

$$F=\overline{AB+CD} \tag{6-14}$$

与或非式用与或非逻辑实现。

（二）逻辑函数的标准表达式

逻辑函数的标准表达式包括最小项表达式和最大项表达式，最小项表达式是由最小项构成的积之和式，最大项表达式是由最大项构成的和之积式。

1. 最小项和最大项

（1）最小项

在 n 个变量的逻辑函数中，若 m 为包含 n 个变量的乘积项，而且这 n 个变量均以原变量或反变量的形式在 m 中出现一次，则称 m 为该组变量的最小项。

例如，A、B、C 三个变量的最小项有 $\bar{A}\cdot\bar{B}\cdot\bar{C}$、$\bar{A}\cdot\bar{B}\cdot C$、$\bar{A}\cdot B\cdot\bar{C}$、$\bar{A}\cdot B\cdot C$、$A\cdot\bar{B}\cdot\bar{C}$、$A\cdot\bar{B}\cdot C$、$A\cdot B\cdot\bar{C}$、$A\cdot B\cdot C$，共8个，而且这三个变量均以原变量或反变量的形式在每个最小项中出现一次。

根据最小项的定义，它具有如下重要性质。

①在变量的任何取值下必有一个最小项，而且仅有一个最小项的值为1。例如，对于三变量的最小项 $\bar{A}BC$，只有在 $A=0$、$B=1$、$C=1$ 时，$\bar{A}BC=1$。如果把 $\bar{A}BC$ 的取值011看作一个二进制数，那么它所代表的十进制数就是3。为了方便最小项的表示，将 $\bar{A}BC$ 记作 m_3。按照这一约定，可以得到三变量最小项的编号表，如表6-8所示。n 个变量则有 2^n 个最小项，记作 m_0，m_1，…，m_{n-1}。

表6-8　三变量最小项的编号表

ABC 的取值	最小项	编号
000	$\bar{A}\bar{B}\bar{C}$	m_0
001	$\bar{A}\bar{B}C$	m_1
010	$\bar{A}B\bar{C}$	m_2
011	$\bar{A}BC$	m_3
100	$A\bar{B}\bar{C}$	m_4
101	$A\bar{B}C$	m_5
110	$AB\bar{C}$	m_6
111	ABC	m_7

②全体最小项之和为 1。

③任意两个最小项的乘积为 0。

④具有相邻性的两个最小项之和可以合并为一个乘积项，消去一个以原变量和反变量形式出现的变量，保留由没有变化的变量构成的乘积项。

如果两个最小项中只有一个变量以原变量和反变量形式出现，其余的变量不变，则称这两个最小项具有相邻性。例如，在 $\overline{A}B\overline{C}$ 和 $AB\overline{C}$ 两个乘积项中，只有变量 A 以原变量和反变量形式出现（$\overline{A}$ 和 A），其余的变量 B 、C 不变（$B\overline{C}$），所以，它们具有相邻性。这两个最小项相加时定能合并为只包含由没有变化的变量构成的一个乘积项 $B\overline{C}$，消去以原变量和反变量形式出现的变量 A 。

证明：

$$\overline{A}B\overline{C} + AB\overline{C} = B\overline{C}(\overline{A} + A) = B\overline{C} \tag{6-15}$$

（2）最大项

在 n 个变量的逻辑函数中，若 M 是包含 n 个变量的和项，而且这 n 个变量均以原变量或反变量的形式在 M 中出现一次，则称 M 为该组变量的最大项。例如，A 、B 、C 三个变量的最大项有 $A+B+C$ 、$A+B+\overline{C}$ 、$A+\overline{B}+C$ 、$A+\overline{B}+\overline{C}$ 、$\overline{A}+B+C$ 、$\overline{A}+B+\overline{C}$ 、$\overline{A}+\overline{B}+C$ 、$\overline{A}+\overline{B}+\overline{C}$，共 8 个，而且这三个变量均以原变量或反变量的形式在每个最大项中出现一次。

根据最大项的定义，它具有如下重要性质。

①输入变量的任何取值下必有一个最大项，而且仅有一个最大项的值为 0。例如，对于最大项（$A+\overline{B}+\overline{C}$），只有 $A=0$、$B=1$、$C=1$ 时，$A+\overline{B}+\overline{C}=0$。如果把 ABC 的取值 011 看作一个二进制数，并以其对应的十进制数值 3 给该最大项编号，则（$A+\overline{B}+\overline{C}$）可记作 M_3。按照这一约定，得到三变量最大项的编号表，如表 6-9 所示。n 个变量则有 2^n 个最大项，记作 M_0，M_1，…，M_{n-1} 。

表 6-9　三变量最大项的编号表

ABC 的取值	最大项	编号
000	$A+B+C$	M_0
001	$A+B+\overline{C}$	M_1
010	$A+\overline{B}+C$	M_2
011	$A+\overline{B}+\overline{C}$	M_3
100	$\overline{A}+B+C$	M_4

续表

ABC 的取值	最大项	编号
101	$\overline{A}+B+\overline{C}$	M_5
110	$\overline{A}+\overline{B}+C$	M_6
111	$\overline{A}+\overline{B}+C$	M_7

②全体最大项的乘积为 0。

③任意两个最大项之和为 1。

④具有相邻性的两个最大项之和可以合并为一个和项，消去一个以原变量和反变量形式出现的变量，保留由没有变化的变量构成的和项。

若两个最大项中只有一个变量以原变量和反变量形式出现，其余的变量不变，则称这两个最大项具有相邻性。例如，$\overline{A}+B+\overline{C}$ 和 $A+B+\overline{C}$ 两个最大项中只有变量 A 以原变量和反变量形式出现（$\overline{A}$ 和 A），其余的变量 B、C 不变（$B+\overline{C}$），所以它们具有相邻性。这两个最大项相乘时定能合并为只包含由取值没有变化的变量构成的一个和项（$B+\overline{C}$），消去以原变量和反变量形式出现的变量 A。

证明：

$$(\overline{A}+B+\overline{C})(A+B+\overline{C})=\overline{A}(B+\overline{C})+A(B+\overline{C})+(B+\overline{C})$$
$$=(B+\overline{C})(\overline{A}+A+1)=(B+\overline{C}) \tag{6-16}$$

2. 最小项表达式

全部由最小项构成的积之和式称为最小项表达式，这是一种标准表达式，也称为标准与或式。

由真值表按最小项规则直接写出来的表达式就是最小项表达式。

利用基本公式 $A+\overline{A}=1$ 可以把任何一个逻辑函数化为最小项表达式，这种标准形式在逻辑函数化简以及计算机辅助分析和设计中得到了广泛的应用。例如，给定逻辑函数为：

$$F=AB\overline{C}+BC \tag{6-17}$$

则可化为：

$$F=AB\overline{C}+(A+\overline{A})BC=AB\overline{C}+ABC+\overline{A}BC=m_3+m_6+m_7=\sum m \tag{6-18}$$

3. 最大项表达式

全部由最大项构成的和之积式称为最大项表达式，它是一种标准表达式，也称为标准或与式。

根据最大项编号规则，最大项表达式可以写成：

$$F=M_0\cdot M_1\cdot M_2\cdot M_4 \tag{6-19}$$

或写成：

$$F(A,\ B,\ C)=\prod_{M}(0,\ 1,\ 2,\ 4) \tag{6-20}$$

式（6-19）与式（6-20）是最大项表达式的不同形式。式（6-20）中的 $\prod_{M}$ 表示最大项之积。

三、基本逻辑门电路及其应用

（一）基本逻辑门电路介绍

门电路是数字电路的基本组成单元，电路中可以有一个或者多个输入，但是输出只有一个。电路的输入信号只有两类，要么是输入 0 信号，要么是输入 1 信号，0 和 1 是二进制数字，代表电路中的高电平和低电平。与门电路在生活中主要是起到逻辑开关的作用，逻辑又可以分为正逻辑和负逻辑两种逻辑关系，正逻辑指的是高电位为 1、低电位为 0 的逻辑关系，负逻辑指的是高电位为 0、低电位为 1 的逻辑关系。1 和 0 信号都对应着集成电路里面的开关信号，使得输出电位变成高电位或者低电位，从而去控制后面的电路。

1. 与门电路

能够实现与逻辑关系的电路称为与门逻辑电路。与门其实就是一个乘法电路，乘法运算中只要有零这个乘数，那么结果肯定为零，与门电路也是一样，只不过在与门电路中输入的信号只可能是 0 和 1 的二进制数字信号。

2. 或门电路

能够实现或逻辑运算的电路称为或门逻辑电路。或门电路本质上就是一个加法电路，加法运算中只要不是加数都为 0 的情况，那么结果肯定是大于 0 的。或门电路也是一样，不同的是在或门电路中输入的信号都是 0 和 1 的二进制数字信号，运算结果满足有 1 出 1，全 1 出 0。

3. 非门电路

能够实现非逻辑关系的电路称为非门电路，非门电路本质上就是一个取反电路，简单来讲就是输入信号为 1，输出信号为 0，输入信号为 0，输出信号为 1，输入和输出信号刚好相反。

4. 与非门电路

所谓的与非门电路就是一个与门电路和一个非门电路的结合，在逻辑关系上输入信号先进行与逻辑运算，再进行非逻辑运算。与逻辑运算的输出结果作为非运算的输入信号。假设输入信号用二进制信号 0 和 1 来表示的话，与运算的结果就像做乘法运算，我们都知道乘法运算中只要有 0，那么结果肯定为 0，全部输入信号都为 1 的情况下输出的结果才为 1，整个与非门的输入结果就是把与门的输出信号再进行取反，简单来讲就是先与再非。

5. 或非门电路

所谓的或非门电路就是一个或门电路和一个非门电路的结合，在逻辑关系上输入信号先进行或逻辑运算，再进行非逻辑运算。或逻辑运算的输出结果作为非运算的输入信号。假设输入信号用二进制信号 0 和 1 来表示的话，或运算的结果就像做加法运算，我们都知道加法运算中只有输入全部为 0，那么结果才为 0，其他情况输出全部为 1，整个或非门的输入结果就是把或门的输出信号再进行取反，简单来讲就是先或再非。

（二）逻辑门电路应用

1. 非门电路的应用

类比生活中的实例，我们可以把门电路看成是一扇门，门上面加了锁。用钥匙 0 去开门，输出的信号为 1，用钥匙 1 开门，输出的信号为 0，实现这种逻辑的电路就是非门电路。也就是说在逻辑上入 0 出 1、入 1 出 0，也可以理解为自己的房门钥匙打不开门，别的钥匙却能打开门。

2. 与门电路的应用

与门电路类似房门上同时加了两把或者两把以上的锁，要想开门的话，必须同时打开两扇门。比如说，单元楼道里的自动感应灯就是利用与门电路的原理，电路中串接了光敏信号和声音信号两个传感器，必须满足光敏传感器和声音传感器同时收到黑暗环境信号和震动的声音信号时灯光才亮，也就是两把钥匙同时开门才有效。还可以作为数字电路中比较两路信号 A 与 B 的大小，数字信号的 $A>B$ ，意思就是 $A=1, B=0$。把 A 信号作为与门的一路输入信号，B 信号先接一个非门，然后把非门的输出信号作为与门的另外一路输入信号，这种电路只有当输入的信号满足 $A=1$、$B=0$ 的时候，输出信号才为 1，也就是说如果输出信号为 1，就可以说明输入的信号 $A>B$ 。

3. 或门电路的应用

或门电路类似于并联两个以上开关去控制一盏灯，只要打开其中任意一个开关就可以把灯打开。

4. 与非门电路的应用

(1) 假设飞机的起落架分别用 A 、B 、C 输入信号来表示，两盏指示灯的输出信号分

别为 F 和 Y，F 代表绿灯信号，Y 代表红灯信号，只有当飞机起落架全部打开时，对应的输入信号 A、B、C 全部为 1，这个时候 F 信号灯亮起，飞机起飞。

（2）假设我们铁路系统分为特快、直快和普快列车，按照特快、直快、普快列车的优先顺序通行。某车站同一时间只能有一趟列车从车站开出，也就是说只能给出一个发车信号。这个时候，我们就可以利用与非门电路来实现这种逻辑关系。把特快、直快和普快列车的发车信号作为与非门的输入信号，0 信号代表列车不出站，1 信号代表列车申请出站，按照三种列车的出站优先级，确定出站的排列组合情况，就可以设计出合理的组合逻辑电路来实现这种逻辑关系。

第二节　逻辑代数运算及组合逻辑电路

一、逻辑代数的运算法则

逻辑代数的运算法则包括基本公式和基本定理。

（一）逻辑代数的基本公式

逻辑代数的基本公式也称作布尔恒等式，这些公式反映了逻辑代数运算的基本规律，其正确性都可以用真值表加以验证。

1. 常量与变量关系公式

$$A+0=A \tag{6-21a}$$

$$A\cdot 1=A \tag{6-21b}$$

$$A+1=1 \tag{6-22a}$$

$$A\cdot 0=0 \tag{6-22b}$$

2. 若干定律

交换律：

$$A+B=B+A \tag{6-23a}$$

$$AB=BA \tag{6-23b}$$

结合律：

$$(A+B)+C=A+(B+C) \tag{6-24a}$$

$$(AB)C=A(BC) \tag{6-24b}$$

分配律：

$$A(B+C)=AB+AC \tag{6-25a}$$

$$A+BC=(A+B)(A+C) \tag{6-25b}$$

互补律：

$$A+\overline{A}=1 \tag{6-26a}$$

$$A\cdot\overline{A}=0 \tag{6-26b}$$

重叠律：

$$A+A=A \tag{6-27a}$$

$$A\cdot A=A \tag{6-27b}$$

反演律（德·摩根定律）：

$$\overline{A\cdot B}=\overline{A}+\overline{B} \tag{6-28a}$$

$$\overline{A+B}=\overline{A}\cdot\overline{B} \tag{6-28b}$$

还原律：

$$\overline{\overline{A}}=A \tag{6-29}$$

（二）逻辑代数的基本定理

逻辑代数的基本定理包括代入定理、反演定理和对偶定理，这些定理也称为逻辑代数的三个规则。

1. 代入定理

代入定理规定：在任何一个包含某个相同变量的逻辑等式中，若用另外一个函数式代入式中所有这个变量的位置，等式仍然成立。因为任何一个逻辑函数和逻辑变量一样，只有0和1两种可能的取值，所以，用一个函数取代某个变量时，等式自然成立。

例如，将等式 $A+BC=(A+B)(A+C)$ 两边的变量 A 用函数 $EF+D$ 代入时，等式仍然成立，即：

$$EF+D+BC=(EF+D+B)(EF+D+B) \tag{6-30}$$

代入定理扩大了基本公式的使用范围。例如，已知 $A+\overline{A}=1$ 成立，则用 AB 函数代入 A 等式亦成立，即：

$$AB+\overline{AB}=1 \tag{6-31}$$

2. 反演定理

反演定理规定：将原函数 F 中的全部“·”号换成“+”号，全部“+”号换成

“·”号，全部0换成1，全部1换成0，全部原变量换成反变量，全部反变量换成原变量，所得到的新函数就是原函数的反演式，记作 $\overline{F}$ 。

反演定理为求取已知函数的反函数提供了方便。在使用反演定理时还须注意遵守以下两个规则。

①仍须遵守“先括号，然后乘，最后加”的运算优先次序。

②不属于单个变量上的非号应保留不变。

3. 对偶定理

对偶定理规定：将原函数 F 中的全部“·”号换成“+”号，全部“+”号换成“·”号，全部0换成1，全部1换成0，所得到的新函数就是原函数的对偶式，记作 F' 或 F^* 。

对偶定理和反演定理的不同之处是：不需要将原变量和反变量互换。在使用对偶定理时仍须注意遵守反演定理的两个规则。

（三）异或运算公式

异或运算也是逻辑代数中常用的一种运算，关于异或运算有如下公式。

1. 交换律

$$A \oplus B = B \oplus A \tag{6-32}$$

2. 结合律

$$(A \oplus B) \oplus C = A \oplus (B \oplus C) \tag{6-33}$$

3. 分配律

$$A(B \oplus C) = AB \oplus AC \tag{6-34}$$

4. 常量与变量之间的异或运算

$$A \oplus 1 = \overline{A} \tag{6-35}$$

$$A \oplus 0 = A \tag{6-36}$$

$$A \oplus A = 0 \tag{6-37}$$

$$A \oplus \overline{A} = 1 \tag{6-38}$$

二、逻辑函数的简化

在现代的数字电路或系统的设计过程中，设计优化是一个重要的技术指标。设计优化主要包括面积优化和时间优化两个方面，面积优化是指设计的电路或系统占用的逻辑资源的数量越少越好；时间优化是指设计电路或系统的输入信号到达输出端的路程越短越好，使输入信号经历最短的时间到达输出端。逻辑函数的简化是实现面积优化的一种举措，但随着 EDA 的出现，设计优化过程由 EDA 工具软件自动完成，一般不需要设计者介入。

（一）逻辑函数的公式简化法

逻辑函数的公式简化法的原理就是反复使用逻辑代数的基本公式、基本定理和常用公式，消去函数中多余的乘积项和多余的因子，以求得函数式的最简形式。

公式简化法没有固定的步骤。下面通过举例说明公式简化法的过程。

例 1：$F_1 = AB + BCD + \overline{A}C + \overline{B}C$ 的化简。

解：$F_1 = AB + BCD + C(\overline{A} + \overline{B}) = AB + BCD + C(\overline{AB})$

$= AB + BCD + C = AB + C$

例 2：$F_2 = AC + \overline{B}C + B\overline{D} + C\overline{D} + AB + A\overline{C} + \overline{A}BC\overline{D} + A\overline{B}DE$ 的化简。

解：$F_2 = AC + \overline{B}C + B\overline{D} + C\overline{D} + A(B + \overline{C}) + \overline{A}BC\overline{D} + A\overline{B}DE$

$= AC + \overline{B}C + B\overline{D} + C\overline{D} + A(\overline{\overline{B}C}) + \overline{A}BC\overline{D} + A\overline{B}DE$

$= AC + \overline{B}C + B\overline{D} + C\overline{D} + A + \overline{A}BC\overline{D} + A\overline{B}DE$

$= A + \overline{B}C + B\overline{D} + C\overline{D} = A + \overline{B}C + B\overline{D}$

（二）逻辑函数具有的约束概念

在逻辑电路的设计过程中，对于输入变量的取值组合，常常会遇到有些取值组合不允许出现，而有些取值组合不会出现，还有些取值组合出现或不出现对输出均无影响等情况。这类取值组合就是约束，其代表的最小项称为约束项或任意项、无关项，记作“×”或“Φ”“d”“x”。例如：一个简单的行车控制器中，用 A、B 分别表示电路的红灯信号输入和绿灯信号输入，用 1 表示灯亮，用 0 表示灯灭；F 是输出信号，$F = 0$ 表示停车，$F = 1$ 表示行车。这样，AB 输入组合中的“00”和“11”是不允许出现的，即红、绿灯不允许同时灭或同时亮。这种不允许出现的输入组合代表的最小项就称为约束或约束项。

由于约束项是不允许出现、不会出现，是出现或不出现对输出均无影响的最小项，所以，可以对它们做任意处理。在 EDA 设计中也会碰到约束项的问题。

三、组合逻辑电路基础

（一）组合逻辑电路的结构和特点

组合逻辑电路有若干个输入和若干个输出。在组合逻辑电路中，任何时刻的输出仅仅取决于当时的输入信号，这是组合逻辑电路在功能上的共同特点。在下面组合逻辑电路的分析过程中，我们将会看到：组合逻辑电路由逻辑门电路组成，电路内部不存在反馈电路和存储电路。

（二）组合逻辑电路的分析方法

尽管各种组合逻辑电路在功能上千差万别，但是它们的分析方法却有共同之处。掌握了分析方法，就可以识别任何一个给定组合逻辑电路的逻辑功能。组合逻辑电路的分析就是根据给定的逻辑电路，通过分析找出电路的逻辑功能。组合逻辑电路的分析过程如图 6-1 所示，即首先根据给定电路写出输出与输入之间的逻辑表达式，然后把全部输入组合代入表达式，计算出输出结果，并以真值表的形式表示出来，最后根据真值表说明电路的功能。

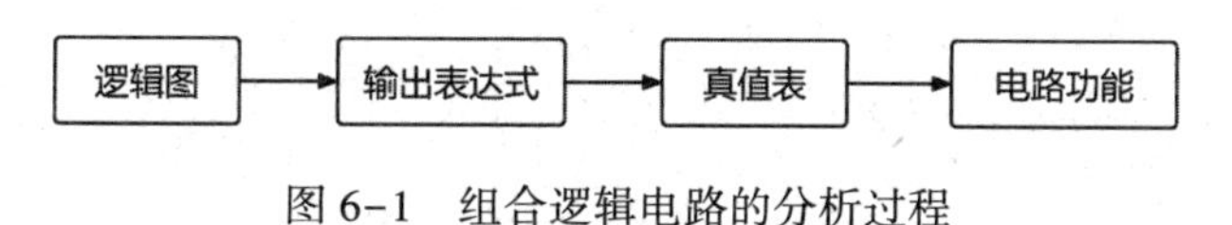

图 6-1 组合逻辑电路的分析过程

（三）组合逻辑电路的设计方法

组合逻辑电路的设计就是在给定逻辑功能及要求的条件下，通过某种设计渠道，得到满足功能要求，而且最简单的逻辑电路。组合逻辑电路的传统设计过程如图 6-2，具体设计步骤如下。

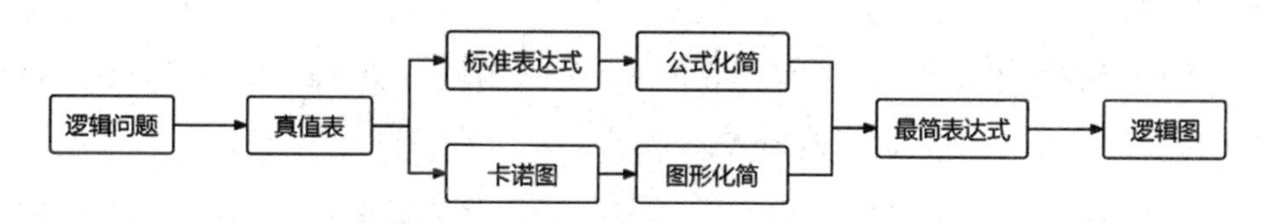

图 6-2 组合逻辑电路的传统设计过程

第一，逻辑抽象。在很多情况下，逻辑问题都是用文字来描述的，逻辑抽象就是指把设计对象的输出与输入信号间的因果关系，用逻辑函数的表示方法表示出来。真值表是表示逻辑函数的常用方法。

第二，写逻辑函数表达式。根据真值表，按最小项或最大项规则写出设计电路的标准表达式。

第三，化简函数。由真值表直接写出来的标准逻辑函数表达式往往不是最简式，还需要进行化简。逻辑函数的简化方法主要有公式法和卡诺图法。化简后得到逻辑函数的简化表达式。

第四，转换表达式。在组合逻辑电路设计课题中，常常有指定用某种器件来实现的要求。在这种情况下，可以根据逻辑函数的运算规则，把简化后的表达式转换为满足设计要求的形式。例如，可以把简化与或式转换为与非与非式，满足全部用与非门来实现电路设计的要求。

第五，画逻辑图。逻辑图是数字电路的设计图纸，有了逻辑图，就可以得到组合逻辑电路设计的硬件结果。

随着电子和计算机技术的发展，先进的电子电路设计方法将逐步替代传统的数字系统设计方法。硬件描述语言（VHDL 和 Verilog HDL）经过二十几年的发展、应用和完善，以其强大的系统描述能力、规范的程序设计结构、灵活的语言表达风格，在电子设计领域受到了普遍的认同，成为现代 EDA 领域的首选硬件设计语言。组合逻辑电路的具体设计步骤如下图 6-3 所示。

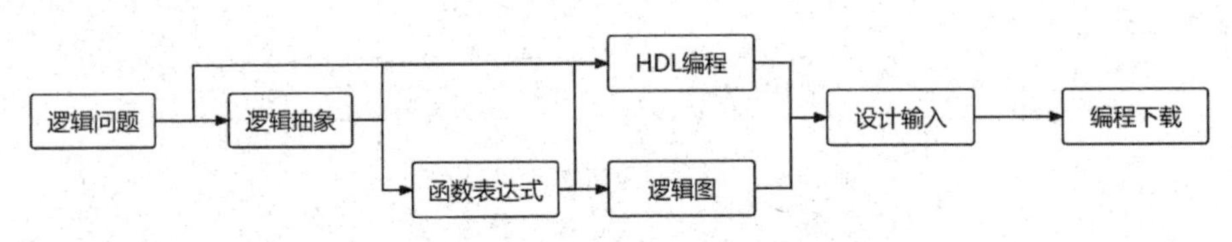

图 6-3 组合逻辑电路的设计过程

（1）逻辑抽象。在基于 Verilog HDL 的组合逻辑电路的设计中，也可以用真值表来表示逻辑函数，但真值表仅能表示一些输入变量比较少的组合逻辑电路。在现代数字逻辑电路的设计中，一般用 HDL 的各种语句直接描述组合逻辑电路的功能，即采用 HDL 的行为描述方式对设计问题进行抽象。

（2）逻辑函数表达式书写。在采用真值表表示逻辑函数的方式下，可以根据真值表按最小项或最大项规则写出设计电路的标准表达式。但在现代的数字电路的设计中，设计优化（包含函数简化）一般由 EDA 工具自动完成，设计者只需要在 EDA 工具中对设计优化进行设置，而不需要直接参与优化过程。

（3）逻辑图绘制。绘制逻辑图是传统设计过程的重要步骤，但随着 EDA 技术的出现，可以直接用 HDL 对电路进行描述，绘制逻辑图的过程就不一定需要了。

（4）HDL 编程。HDL 编程是现代数字逻辑电路设计的最新方法，逻辑抽象结束后，可以直接用 HDL 的不同语句来实现抽象结果（如真值表、表达式等），编写出相应的 HDL 源程序。

（5）设计输入。设计输入是指在 EDA 工具软件的支持下，将设计结果输入计算机的过程。设计输入支持 HDL 源程序、时序图、原理图等设计结果的输入。把 HDL 源程序输入计算机的过程称为文本输入，把原理图输入的过程称为图形输入，这是两种最常用的设计输入。

（6）设计仿真。完成设计输入后，一般要用 EDA 工具对设计电路进行仿真，检查设计结果是否存在错误。

（7）编程下载。编程下载是指将设计的电路下载到 PLD 中的过程。在现代数字逻辑电路的设计过程中，一般用 PLD 作为目标芯片，完成设计电路的硬件实现。随着微电子技术的发展，几乎任何数字电路或系统都可以用单片 PLD 来实现。

第三节　组合逻辑电路的应用

在数字系统设计中，有些逻辑电路是经常或大量使用的，为了使用方便，一般把这些逻辑电路制成中、小规模集成电路产品。在组合逻辑电路中，常用的集成电路产品有加法器、编码器、译码器、数据选择器、数据比较器、奇偶校验器等。下面分别介绍这些组合逻辑部件的电路结构、工作原理和使用方法。

一、算术运算电路

算术运算电路是能够完成二进制数运算的器件，半加器和全加器是算术运算电路的基本单元电路。

（一）半加器

半加器的电路结构如图 6-4（a）所示，逻辑符号如图 6-4（b）所示。在图中，A、B 是两个 1 位二进制加数的输入端，SO 是两个数相加后的和数输出端，CO 是向高位的进位输出端。

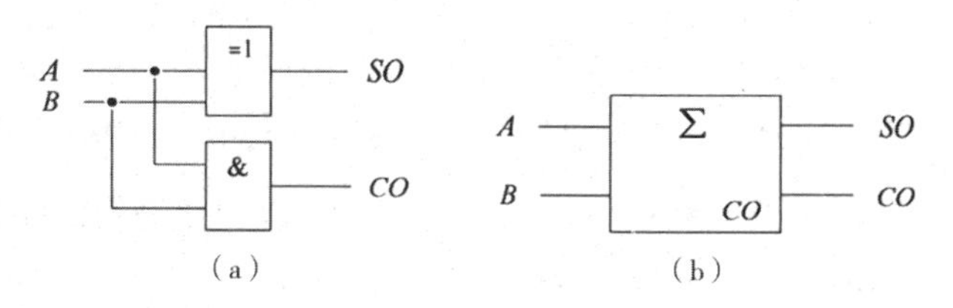

图 6-4　半加器的电路结构及逻辑符号

按照分析方法，可以写出电路输出端的逻辑表达式为：

$$\mathrm{SO} = A \oplus B = A\overline{B} + \overline{A}B \qquad (6-39)$$

$$\mathrm{CO} = AB \qquad (6-40)$$

根据输出表达式推导出电路的真值表如表 6-10 所示。真值表说明，电路能完成两个 1 位二进制数的加法运算。这种不考虑来自低位进位的加法运算称为半加，能实现半加运算的电路称为半加器。

表 6-10　半加器真值表

A	B	SO	CO
0	0	0	0
0	1	1	0
1	0	1	0
1	1	0	1

（二）全加器

全加器的电路结构和逻辑符号如图 6-5 所示。在图中，A、B 是两个 1 位二进制加数的输入端，CI 是低位来的进位输入端，SO 是和数输出端，CO 是向高位的进位输出端。

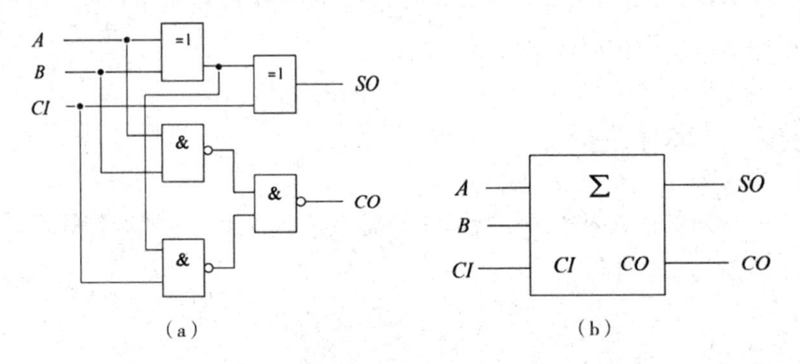

图 6-5　全加器的电路结构及逻辑符号

按照分析方法，可以写出电路输出端的逻辑表达式为：

$$\begin{aligned} SO &= A \oplus B \oplus CI = (A\overline{B} + \overline{A}B)\,\overline{CI} + (\overline{\overline{A}B + A\overline{B}})\,CI \\ &= A \cdot \overline{B} \cdot \overline{CI} + \overline{A} \cdot B \cdot \overline{CI} + \overline{A} \cdot \overline{B} \cdot CI + A \cdot B \cdot CI \end{aligned} \qquad (6-41)$$

$$CO = \overline{\overline{AB} \cdot \overline{(A \oplus B)CI}} = AB + (A \oplus B)CI = AB + \overline{A}BCI + A\overline{B}CI \qquad (6-42)$$

根据输出表达式推导出的电路真值表如表 6-11 所示。真值表说明，电路能完成两个 1 位二进制数以及来自低位的进位的加法运算。这种考虑来自低位的进位的加法运算称为全加，能实现全加运算的电路称为全加器。

表 6-11　全加器真值表

A	B	CI	SO	CO
0	0	0	0	0
0	0	1	1	0
0	1	0	1	0
0	1	1	0	1
1	0	0	1	0
1	0	1	0	1
1	1	0	0	1
1	1	1	1	1

二、编码器

在数字系统中，用二进制代码表示特定信息的过程称为编码。例如，在电子设备中，用二进制码表示字符，称为字符编码；用二进制码表示十进制数，称为二-十进制编码（BCD）。能完成编码功能的电路称为编码器。编码器的通用逻辑符号如图 6-6 所示，图中的 X 和 Y 分别表示输入和输出，在实际电路中可以用适当的符号代替。

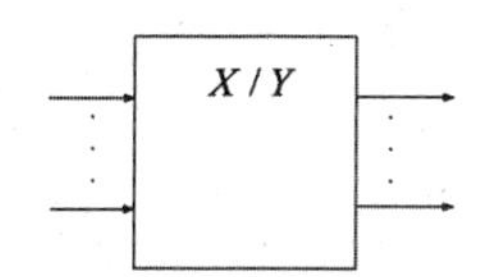

图 6-6　编码器的通用逻辑符号

编码器又分为二进制编码器和优先编码器两类。在二进制编码器中，任何时刻只允许一个输入信号有效，否则输出将发生混乱。在优先编码器中，对每一位输入都设置了优先权，因此，允许两位以上的输入信号同时有效，但优先编码器只对优先级较高的输入进行编码，从而保证编码器工作的可靠性。

（一）二进制编码器

N 位二进制符号有 2^N 种不同的组合，因此，有 N 位输出的二进制编码器可以表示 2^N 个不同的输入信号，一般把这种编码器称为 2^N 线- N 线编码器。这里以 8 线-3 线二进制编码器为例，它有 8 个输入端 Y_7~ Y_0，有 3 个输出端 C 、B 、A ，所以称为 8 线-3 线编码器。对于二进制编码器来说，在任何时刻输入的 Y_7~ Y_0 中只允许一个信号为有效电平。假设编码器规定高电平为有效电平，则在任何时刻只有一个输入端为高电平，其余输入端为低电平。同理，如果规定低电平为有效电平，则在任何时刻只有一个输入端为低电平，其余输入端为高电平。

高电平有效的8线-3线二进制编码器的编码表如表6-12所示。由编码表得到输出表达式为：

$$C = Y_4 + Y_5 + Y_6 + Y_7$$
$$B = Y_2 + Y_3 + Y_6 + Y_7 \quad (6-43)$$
$$A = Y_1 + Y_3 + Y_5 + Y_7$$

表6-12　8线-3线编码器编码表

输入	C	B	A
Y_0	0	0	0
Y_1	0	0	1
Y_2	0	1	0
Y_3	0	1	1
Y_4	1	0	0
Y_5	1	0	1
Y_6	1	1	0
Y_7	1	1	1

（二）优先编码器

上述二进制编码器电路要求任何时刻只有一个输入有效，相当于键盘操作时每次只能按下一个按键，当同时有两个或更多输入信号有效时（相当于同时按下几个按键），将造成输出混乱状态，采用优先编码器可以避免这种现象出现。优先编码器首先对所有的输入信号按优先顺序排队，然后选择优先级最高的一个输入信号进行编码。下面以CT74148为例，介绍优先编码器的逻辑功能和使用方法。

CT74148有8个输入端$\bar{I}_0 \sim \bar{I}_7$，低电平为输入有效电平，有3个输出端$\bar{Y}_0 \sim \bar{Y}_2$，低电平为输出有效电平。此外，为了便于电路的扩展和使用的灵活性，还设置使能端$\bar{S}$、选通输出端$\bar{Y}_S$和扩展端$\bar{Y}_{EX}$。

CT74148的功能表如表6-13所示，功能表说明：当$\bar{S}=1$时，电路处于禁止工作状态，此时无论8个输入端为何种状态，3个输出端均为高电平，$\bar{Y}_S$和$\bar{Y}_{EX}$也为高电平，编码器不工作；当 $\bar{S}=0$ 时，电路处于正常工作状态，允许 $\bar{I}_0$~ $\bar{I}_7$ 当中同时有几个输入端为低电平，即同时有几路编码输入信号有效。在 8 个输入中，$\bar{I}_7$ 的优先权最高，$\bar{I}_0$ 的优先权最低。当 $\bar{I}_7=0$ 时，无论其他输入端有无有效输入信号（功能表中以×表示），输出端只输出 $\bar{I}_7$ 的编码，即 $\bar{Y}_2\bar{Y}_1\bar{Y}_0=000$；当 $\bar{I}_7=1$、$\bar{I}_6=0$ 时，无论其余输入端有无有效输入信号，输出端只对输出 $\bar{I}_6$ 进行编码，输出为 $\bar{Y}_2\bar{Y}_1\bar{Y}_0=001$，其余状态依此类推。表 6-13 中出现的 3 种输出 $\bar{Y}_2\bar{Y}_1\bar{Y}_0=111$ 的情况可以用 $\bar{Y}_S$ 和 $\bar{Y}_{EX}$ 的不同状态来区别，即如果 $\bar{Y}_2\bar{Y}_1\bar{Y}_0=111$ 且 $\bar{Y}_S\bar{Y}_{EX}=11$，则表示电路处于禁止工作状态；如果 $\bar{Y}_2\bar{Y}_1\bar{Y}_0=111$ 且 $\bar{Y}_S\bar{Y}_{EX}=10$，则表示电路处于工作状态而且 $\bar{I}_0$ 有编码信号输入；如果 $\bar{Y}_2\bar{Y}_1\bar{Y}_0=111$ 且 $\bar{Y}_S\bar{Y}_{EX}=01$，则表示电路处于工作状态但没有输入编码信号。由于没有输入编码信号时 $\bar{Y}_S=0$，因此，$\bar{Y}_S$ 也可以称为“无编码输入”信号。

表 6-13　CT74148 的功能表

输入									输出				
$\bar{S}$	$\bar{I}_0$	$\bar{I}_1$	$\bar{I}_2$	$\bar{I}_3$	$\bar{I}_4$	$\bar{I}_5$	$\bar{I}_6$	$\bar{I}_7$	$\bar{Y}_2$	$\bar{Y}_1$	$\bar{Y}_0$	$\bar{Y}_S$	$\bar{Y}_{EX}$
1	×	×	×	×	×	×	×	×	1	1	1	1	1
0	×	×	×	×	×	×	×	0	0	0	0	1	0
0	×	×	×	×	×	×	0	1	0	0	1	1	0
0	×	×	×	×	×	0	1	1	0	1	0	1	0
0	×	×	×	×	0	1	1	1	0	1	1	1	0
0	×	×	×	0	1	1	1	1	1	0	0	1	0
0	×	×	0	1	1	1	1	1	1	0	1	1	0
0	×	0	1	1	1	1	1	1	1	1	0	1	0
0	0	1	1	1	1	1	1	1	1	1	1	1	0
0	1	1	1	1	1	1	1	1	1	1	1	0	1

利用 CT74148 的 $\bar{Y}_S$ 和 $\bar{Y}_{EX}$ 输出端可以实现多片的级联。例如，将两片 CT74148 级联起来，扩展得到 16 线-4 线优先编码器。$\bar{I}_0$ ~ $\bar{I}_{15}$，是扩展后的 16 位编码输入端，高 8 位 $\bar{I}_8$ ~ $\bar{I}_{15}$ 接于第（1）片的 $\bar{I}_0$~ $\bar{I}_7$ 端，低 8 位 $\bar{I}_0$~ $\bar{I}_7$，接于第（2）片的 $\bar{I}_0$~ $\bar{I}_7$ 端。Z_0~ Z_3 是 4 位编码输出端。

按照优先顺序的要求，只有 $\bar{I}_8$~ $\bar{I}_{15}$ 均无输入信号时，才允许对 $\bar{I}_0$~ $\bar{I}_7$ 的输入进行编码。

因此，只要把第（1）片的无编码信号输入 $\overline{Y}_S$ 作为第（2）片的使能信号 $\overline{S}$ 即可。另外，第（1）片有编码信号输入时 $\overline{Y}_{EX}=0$，无编码信号输入时 $\overline{Y}_{EX}=1$，正好用它作为第 4 位编码输出 Z_3。当 $\overline{I}_{15}=0$ 时，$Z_3=\overline{Y}_{EX}=0$，而且第（1）片的 $\overline{Y}_2\overline{Y}_1\overline{Y}_0=000$，使得 $Z_2Z_1Z_0=000$，产生 $\overline{I}_{15}$ 的编码输出 0000。依此类推，可以得到其他输入信号的编码。

三、译码器

将二进制代码所表示的信息翻译成对应输出的高、低电平信号的过程称为译码，实现译码功能的电路称为译码器。常用的译码器有二进制译码器、二-十进制译码器和显示译码器。

下面介绍二进制译码器和显示译码器。

（一）二进制译码器

N 位二进制译码器有 N 个输入端和 2^N 个输出端，一般称为 N 线- 2^N 线译码器。这里以 2 线-4 线译码器为例进行阐释。

电路有两个输入端 A_1 和 A_0，4 个输出端 $\overline{Y}_3$~ $\overline{Y}_0$。对于二进制译码器来说，只允许一个输出端的信号为有效电平。如果规定高电平为有效电平，则在任何时刻最多只有一个输出端为高电平，其余为低电平。同理，如果规定低电平为有效电平，则在任何时刻最多只有一个输出端为低电平，其余为高电平。2 线-4 线译码器的功能表如表 6-14 所示，从表中可以看出，低电平是输出的有效电平。另外，$\overline{EN}$ 是使能控制端（也称为选通信号），当 $\overline{EN}=0$（有效）时，译码器处于工作状态；当 $\overline{EN}=1$（无效）时，译码器处于禁止工作状态，此时，全部输出端都输出高电平（无效电平）。

表 6-14　2 线-4 线译码器的功能表

$\overline{EN}$	A_1	A_0	$\overline{Y}_3$	$\overline{Y}_2$	$\overline{Y}_1$	$\overline{Y}_0$
1	×	×	1	1	1	1
0	0	0	1	1	1	0
0	0	1	1	1	0	1
0	1	0	1	0	1	1
0	1	1	0	1	1	1

当 $\overline{EN}=0$ 时，根据逻辑图写出的输出表达式为：

$$
\begin{aligned}
\overline{Y}_0 &= \overline{A_1\overline{A}_0} = \overline{m}_0 \\
\overline{Y}_1 &= \overline{A_1A_0}^2 = \overline{m}_1 \\
\overline{Y}_2 &= \overline{A_1\overline{A}_0} = \overline{m}_2 \\
\overline{Y}_3 &= \overline{A_1A_0} = \overline{m}_3
\end{aligned}
\qquad (6-44)
$$

由式（6-44）可以看出，对于低电平是输出有效电平的译码器，每个输出都是对应输入的最小项的非。同理，高电平是输出有效电平的译码器，每个输出都是对应输入的最小项。由于这个原因，一般把二进制译码器称为最小项译码器。

合理地应用使能端 $\overline{EN}$ 可以实现译码器的扩展。例如，用两片 2 线-4 线译码器可以扩展为 3 线-8 线译码器，A_2 是增加的输入，当 $A_2=0$ 时，第（1）片的 $\overline{EN}=0$，处于工作状态，第（2）片的 $\overline{EN}=1$，处于禁止状态。在 A_1A_0 的作用下，选择第（1）片的 $\overline{Y}_3 \sim \overline{Y}_0$ 作为输出。当 $A_2=1$ 时，第（1）片的 $\overline{EN}=1$，处于禁止状态，第（2）片的 $\overline{EN}=0$，处于工作状态。在 A_1A_0 的作用下，选择第（2）片的 $\overline{Y}_3 \sim \overline{Y}_0$ 作为输出。

（二）显示译码器

在一些数字系统中，不仅需要译码，而且需要把译码的结果显示出来。例如，在计数系统中，需要显示计数结果；在测量仪表中，需要显示测量结果。用显示译码器驱动显示器件，就可以达到数据显示的目的，目前广泛使用的显示器件是 7 段数码显示器。7 段数码显示器由 a~g 等 7 段可发光的线段拼合而成，通过控制各段的亮或灭就可以显示不同的字符或数字。7 段数码显示器有半导体数码显示器和液晶显示器两种。

半导体 7 段数码管 BS201A 的每个段都是一个发光二极管（LED），LED 的正极称为阳极，负极称为阴极。当 LED 加上正向电压时，可以发出橙红色的光。有的数码管在右下角还增设了一个小数点，形成 8 段显示。构成数码管的 7 只 LED 的阴极是连接在一起的，属于共阴结构。如果把 7 只 LED 的阳极连接在一起，则属于共阳结构。

另外，有一种 7 段数码显示器称为液晶显示器（Light Crystal Display，LCD）。液晶显示器中的液态晶体材料是一种有机化合物，在常温下既有液体特性，又有晶体特性。利用液晶在电场作用下产生光的散射或偏光原理，便可实现数字显示。一般对 LCD 的驱动采用正负对称的交流信号。

液晶显示器的最大优点是电源电压低和功耗低，电源电压为 1.5~5V，电流在 μA 量级。它是各类显示器中功耗最低者，可直接用 CMOS 集成电路驱动。同时 LCD 制造工艺简单、体积小而薄，特别适用于小型数字仪表中。但它是利用外界光源的被动式显示器件，环境越明亮，显示越清晰，不能用于暗处。它的工作温度范围不宽，寿命与使用条件有关，强光下使用寿命会缩短。此外，它的响应速度较低（在 10~200ms 范围），这就限制了它在快速系统中的应用。

显示译码器有很多集成电路产品，下面以 CT7448 为例，介绍中规模集成显示译码器电路的功能和使用方法。CT7448 是十进制数（BCD）显示译码器，$A_3 \sim A_0$ 是 8421 码输入端，$Y_a \sim Y_g$ 是输出端，为 7 段显示器件提供驱动信号。显示器件根据输入的数据，可以分别显示数字 0~9。

CT7448 除了完成译码驱动的功能外，还附加了灯测试输入 $\overline{LT}$、消隐输入 $\overline{BI}$、灭零输入 $\overline{RBI}$ 和灭零输出 $\overline{RBO}$ 等控制信号。当灯测试输入 $\overline{LT}=0$ 时，无论输入 $A_3 \sim A_0$ 的状态如何，输出 $Y_a \sim Y_g$ 全部为高电平，这使被驱动的数码管 7 段全部点亮。因此，$\overline{LT}=0$ 信号可以检查数码管各段能否正常发光。

当消隐输入 $\overline{BI}=0$ 时，无论输入 $A_3 \sim A_0$ 的状态如何，输出 $Y_a \sim Y_g$ 全部为低电平，这使被驱动的数码管 7 段全部熄灭。

当 $A_3A_2A_1A_0=0000$ 时，本应显示数码 0，如果此时灭零输入 $\overline{RBI}=0$，则使显示的 0 熄灭。设置灭零输入信号的目的是将不希望显示的 0 熄灭。例如，对于十进制数来说，整数部分中不代表数值的高位 0 和小数部分中不代表数值的低位 0 都是不希望显示出来的，可以用灭零输入信号将它们灭掉。将灭零输出 $\overline{RBO}$ 与灭零输入 $\overline{RBI}$ 配合使用，可以实现多位数码显示的灭零控制。

用 CT7448 实现 8 位十进制数码显示的系统具有灭零控制。只需要把整数部分的高位 $\overline{RBO}$ 与低位的 $\overline{RBI}$ 相连，小数部分的低位 $\overline{RBO}$ 与高位的 $\overline{RBI}$ 相连，就可以把前后多余的 0 灭掉。在这种连接方式下，整数部分只有高位是 0，而且在被熄灭的情况下，低位才有灭零输入信号。同理，小数部分中只有低位是 0，而且在被熄灭的情况下，高位才有灭零输入信号。

四、数据选择器

从一组输入数据选出其中需要的一个数据作为输出的过程称作数据选择，具有数据选择功能的电路称作数据选择器。常用的有 4 选 1，8 选 1 和 16 选 1 等数据选择器产品。下面主要介绍 4 选 1 和 8 选 1 数据选择器。

(一) 4选1数据选择器

4选1数据选择器的逻辑：A_1A_0 是选择控制信号（也称为地址信号），$D_3 \sim D_0$ 是数据输入端，Y 是数据输出端，$\overline{EN}$ 是使能控制端。当 $\overline{EN}=0$ 时，可以得到其输出表达式：

$$Y = \overline{A}_1\overline{A}_0D_0 + \overline{A}_1A_0D_1 + A_1\overline{A}_0D_2 + A_1A_0D_3 \qquad (6-45)$$

如果以 A_1、A_0 作为控制信号，由式（6-45）推导得到输出与数据输入之间的功能见表6-15。由表可见，在 A_1、A_0 的控制下，输出 Y 从4个数据输入中选出需要的一个作为输出，所以称为数据选择器。4选1数据选择器相当于一个“单刀多掷”开关，因此，数据选择器又称为多路转换器或多路开关。

表6-15　4选1数据选择器的功能表

A_1	A_0	Y
0	0	D_0
0	1	D_1
1	0	D_2
1	1	D_3

如果以 $D_3 \sim D_0$ 作为控制信号，由式（6-45）推导得到输出与地址输入之间的关系如表6-16所示。由表可见，数据选择器还是一种多功能运算电路，对于4选1数据选择器来说，它具有 $2^4=16$ 种运算功能。在这些运算中，包括由两个输入变量 A_1、A_0 构成的各种最小项的表达式，因此，在传统的数字电路设计中，利用数据选择器的运算功能来实现组合逻辑电路。

表6-16　4选1数据选择器的输出与地址输入之间的关系表

D_3	D_2	D_1	D_0	Y
0	0	0	0	0
0	0	0	1	$\overline{A}_1\overline{A}_0$
0	0	1	0	$\overline{A}_1\overline{A}_0$
0	0	1	1	$\overline{A}_1A_0+\overline{A}_1\overline{A}_0=\overline{A}_1$
0	1	0	0	$\overline{A}_1\overline{A}_0$
0	1	0	1	$A_1\overline{A}_0+\overline{A}_1\overline{A}_0=\overline{A}_0$
0	1	1	0	$A_1\overline{A}_0+\overline{A}_1A_0$

续表

D_3	D_2	D_1	D_0	Y
0	1	1	1	$A_1\overline{A}_0+\overline{A}_1A_0+\overline{A}_1\overline{A}_0=\overline{A}_1+\overline{A}_0$
1	0	0	0	$\overline{A}_1\overline{A}_0$
1	0	0	1	$A_1A_0+\overline{A}_1\overline{A}_0$
1	0	1	0	$A_1A_0+\overline{A}_1A_0=A_0$
1	0	1	1	$A_1A_0+A_1\overline{A}_0+\overline{A}_1A_0=A_1+A_0$
1	1	0	0	$A_1A_0+A_1\overline{A}_0=A_1$
1	1	0	1	$A_1A_0+A_1\overline{A}_0+\overline{A}_1A_0=A_1+A_0$
1	1	1	0	$A_1A_0+A_1\overline{A}_0+\overline{A}_1A_0=A_1+A_0$
1	1	1	1	1

合理地应用使能端 $\overline{EN}$ 可以实现数据选择器的扩展。例如，用两片 4 选 1 数据选择器可以扩展为 8 选 1 数据选择器。

A_2 是增加的地址输入，当 $A_2=0$ 时，第（1）片的 $\overline{EN}=0$，处于工作状态，第（2）片的 $\overline{EN}=1$，处于禁止状态。在 $\overline{A}_1\overline{A}_0$ 的作用下，选择第（1）片的 $D_3\sim D_0$ 中的一个输入作为输出。当 $A_2=1$ 时，第（1）片的 $\overline{EN}=1$，处于禁止状态，第（2）片的 $\overline{EN}=0$，处于工作状态。在 $\overline{A}_1\overline{A}_0$ 的作用下，选择第（2）片的 $D_3\sim D_0$ 中的一个输入作为输出。

常用的数据选择器中规模集成电路有双 4 选 1 数据选择器 CT74153，8 选 1 数据选择器 CT74151、CT74152，16 选 1 数据选择器 CT74150 等。

（二）8 选 1 数据选择器

8 选 1 数据选择器 CT74151 的逻辑中，在使能端 $\overline{EN}=0$ 的条件下，可以得到其输出表达式为：

$$Y=\overline{A}_2\overline{A}_1\overline{A}_0D_0+\overline{A}_2\overline{A}_1A_0D_1+\overline{A}_2A_1\overline{A}_0D_2+\overline{A}_2A_1A_0D_3+ A_2\overline{A}_1\overline{A}_0D_4+A_2\overline{A}_1A_0D_5+A_2A_1\overline{A}_0D_6+A_2A_1A_0D_7 \quad (6-46)$$

如果以 A_2、A_1、A_0 作为控制，则它是一个数据选择器或多路开关，其功能如表 6-17 所示。如果以 $D_7\sim D_0$ 作为控制，则是多功能运算器，对于 8 选 1 数据选择器来说，共有 $2^8=256$ 种不同的运算功能，其中包括由 3 个输入变量 A_2、A_1、A_0 构成的各种最小项的表达式。

表 6-17　CT74151 的功能表

A_2	A_1	A_0	Y
0	0	0	D_0
0	0	1	D_1
0	1	0	D_2
0	1	1	D_3
1	0	0	D_4
1	0	1	D_5
1	1	0	D_6
1	1	1	D_7

五、奇偶校验器

奇偶校验就是检测数据中包含 1 的个数是奇数还是偶数。在计算机和一些数字通信系统中，常用奇偶校验器来检查数据传输和数码记录中是否存在错误。

在 4 位奇偶校验器的逻辑中，A、B、C 和 D 是数据输入端，F_{OD} 是判奇输出端，F_{EV} 是判偶输出端。可推导出电路的输出表达式：

$$F_{OD}=A\oplus B\oplus C\oplus D \tag{6-47}$$

$$F_{EV}=\overline{A\oplus B\oplus C\oplus D} \tag{6-48}$$

奇偶校验器一般由异或门构成，异或运算也称为模 2 加运算。模 2 加只考虑两个二进制数相加后的和，而不考虑它们的进位的加法运算。当相加的和为 1 时，表示两个二进制数中 1 的个数是奇数；当和为 0 时，则表示 1 的个数是偶数。同理，对 N 个二进制数进行模 2 加时，当 N 个数相加的和为 1 时，表示 N 个数中 1 的个数是奇数；当和为 0 时，则表示 1 的个数是偶数。由于判断奇数和判断偶数的结果是相反的，因此，把判奇输出端 F_{OD} 加一个反相器即可得到判偶输出端 F_{EV}。

奇偶校验器还具有奇偶产生的功能，通常把它称为奇偶校验器/产生器。常用的中规模集成奇偶校验器/产生器有 CT74180/CT54180、CT74S280/CT54S280、CT74LS280/CT54LS280 等产品型号。CT74180/CT54180 的逻辑中，A ~ H 是 8 位数据输入端，$EVEN$ 是偶控制输入端，ODD 是奇控制输入端；F_{OD} 是奇输出端，F_{EV} 是偶输出端。

可写出电路的输出表达式：

$$F_{EV}=\overline{\overline{A\oplus B\oplus C\oplus D\oplus E\oplus F\oplus G\oplus H}\cdot ODD}\cdot$$

$$\overline{(A\oplus B\oplus C\oplus D\oplus E\oplus F\oplus G\oplus H)\cdot EVEN} \tag{6-49}$$

$$F_{OD}=\overline{\overline{A\oplus B\oplus C\oplus D\oplus E\oplus F\oplus G\oplus H}\cdot EVEN}\cdot$$

$$\overline{(A\oplus B\oplus C\oplus D\oplus E\oplus F\oplus G\oplus H)\cdot ODD} \tag{6-50}$$

由式（6-49）和式（6-50）得到 CT74180 的功能表如表 6-18 所示。

表 6-18　CT74180 的功能表

输入			输出	
$A\sim H$ 中 1 的个数	$EVEN$	ODD	F_{EV}	F_{OD}
偶数	1	0	1	0
偶数	0	1	0	1
奇数	1	0	0	1
奇数	0	1	1	0
×	1	1	0	0
×	0	0	1	1

下面通过一个简单的奇偶校验系统，说明奇偶校验器/产生器的应用。第（1）片是奇产生器，奇控制输入端 ODD 接数据 1，偶控制输入端 $EVEN$ 接地（数据 0）。当数据 $D_0\sim D_7$ 中 1 的个数为奇数时，根据式（6-49）和式（6-50），奇数输出端 $F_{OD}=\overline{ODD}=0$；当数据 $D_0\sim D_7$ 中 1 的个数为偶数时，$F_{OD}=\overline{EVEN}=1$。这样，第（1）片的输出 F_{OD} 与数据 $D_0\sim D_7$ 构成 9 位数据，F_{OD} 是奇产生/校验位。不管数据 $D_0\sim D_7$ 中 1 的个数是奇数还是偶数，其加上 F_{OD}（第 9 位）的数据后，组成 9 位数据中 1 的个数一定是奇数。所以，第（1）片称为奇产生器。第（2）片是奇校验器，将传输的 9 位数据中的 $D_0\sim D_7$ 接到 $A\sim H$ 输入端，第（1）片的奇产生/校验位 F_{OD} 接到第（2）片的奇控制输入端 ODD，偶控制输入端接 F_{OD}。这样，如果原数据 $D_0\sim D_7$ 中有偶数个 1，则 $F_{OD}=1$；如果原数据 $D_0\sim D_7$ 中有奇数个 1，则 $F_{OD}=0$。在传输无误时，若第（2）片的输出 $F_{OD}=1$，$F_{EV}=0$，则表示数据传输正确。如果传输过程有一个数据位发生了差错，即由 0 变为 1 或由 1 变为 0，则使 9 位数据中 1 的个数由奇数变为偶数，此时第（2）片的输出 $F_{OD}=0$，$F_{EV}=1$，表示数据传输有差错。

参考文献

[1] 张翼，支壮志，王妍玮．电工电子技术及应用［M］．北京：化学工业出版社，2022.

[2] 瞿彩萍．电工电子技术应用［M］．北京：电子工业出版社，2022.

[3] 周玉甲，李振甲，傅艳玲．电工电子技术及应用研究［M］．长春：吉林科学技术出版社，2022.

[4] 张洪润，金伟萍．电工电子技术与忆阻器应用［M］．北京：清华大学出版社，2022.

[5] 李景民，刘燕，苏琦．电工电子技术［M］．长春：吉林科学技术出版社，2022.

[6] 邓妹纯．汽车电工电子技术基础与应用［M］．沈阳：东北大学出版社，2021.

[7] 陈祖新．电工电子应用技术［M］．北京：电子工业出版社，2021.

[8] 赵宗友．电工电子技术及应用［M］．北京：北京理工大学出版社，2021.

[9] 刘伦富，杨啸，张道平．电工电子技术基础与应用［M］．北京：机械工业出版社，2021.

[10] 陶晋宜，李凤霞，任鸿秋．基于 MULTISIM 的电工电子技术［M］．北京：机械工业出版社，2021.

[11] 陈佳新．电工电子技术［M］．北京：机械工业出版社，2021.

[12] 邱世卉．电工电子技术［M］．重庆：重庆大学出版社，2021.

[13] 贾建平．电工电子技术［M］．武汉：华中科技大学出版社，2021.

[14] 凌艺春，刘昌亮．电工电子技术［M］．北京：北京理工大学出版社，2021.

[15] 陈舟劢，何旭东．电工电子技术［M］．成都：西南交通大学出版社，2021.

[16] 刘小斌．电工基础［M］．北京：北京理工大学出版社，2021.

[17] 于战科．电工与电路基础［M］．北京：机械工业出版社，2021.

[18] 刘冬香．电工电子技术及应用［M］．成都：西南交通大学出版社，2020.

[19] 张国峰．电工电子技术及应用［M］．北京：北京航空航天大学出版社，2020.

[20] 王少华，龙剑，雷道仲．电工电子技术应用基础［M］．长沙：中南大学出版社，2020.

[21] 周晓波，胡蝶，付双美．电工电子技术［M］．哈尔滨：东北林业大学出版社，2020.

[22] 刘绍丽，付雯，李国贞．电工电子技术［M］．北京：文化发展出版社，2020.

[23] 杨清德，包丽雅．电工电子基础［M］．重庆：重庆大学出版社，2020.

[24] 李广明，卢永强．电工电子基础［M］．哈尔滨：哈尔滨工程大学出版社，2020.

[25] 贾永峰．电工电子技术［M］．北京：北京理工大学出版社，2020.

[26] 郭志雄，邓筠．电子工艺技术与实践［M］．北京：机械工业出版社，2020.

[27] 牛海霞，李满亮．电工电子技术应用［M］．北京：机械工业出版社，2019.

[28] 汪丹．电工电子技术理论及实践应用研究［M］．哈尔滨：哈尔滨地图出版社，2019.

[29] 孙君曼，方洁．电工电子技术［M］．北京：北京航空航天大学出版社，2019.

[30] 郭宝清．电工电子技术基础［M］．哈尔滨：哈尔滨工程大学出版社，2019.

[31] 谢宇，黄其祥．电工电子技术［M］．北京：北京理工大学出版社，2019.